Dieses Buch entstand aus einer Kooperation zwischen der MQL-Bildung und der MQL-Media.

Inhaber/Geschäftsführer: Benjamin, Müller

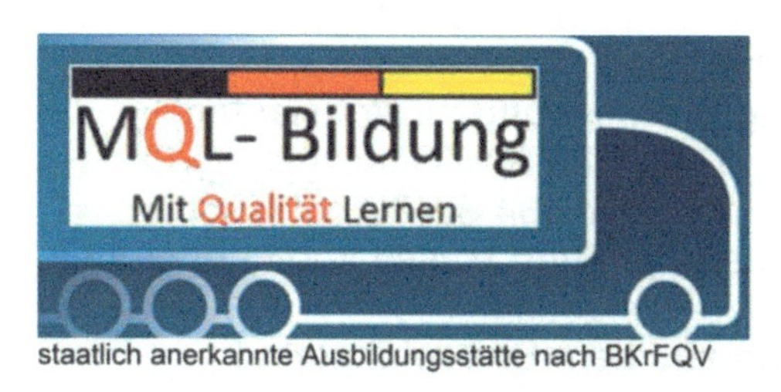

Inhaber/Geschäftsführer: Benjamin, Müller

Inhaltsverzeichnis

1.1 Warum Ladungssicherung

Durch ungenügend gesicherte Ladung entstehen Jährlich tausende Unfälle, die vermeidbar gewesen wären sofern man sich an die geltenden Vorschriften, Gesetze und Regelungen gehalten hätte. Bei einem Unfall kommt es meist nicht nur zu einem Sachschaden sondern auch zu Personenschäden.

Es bleibt nie nur bei dem entstanden Schaden sondern wirkt sich auch immer auf Sie persönlich aus!

In der Regel speichert das Gehirn solche dramatischen Erlebnisse sehr gut ab. Dies kann zu schweren Spätfolgen führen wir z.B.:

- Depressionen
- Schlaflosigkeit
- Schlechter allgemein zustand
- Angst auf den LKW zu steigen
- PTBS (Posttraumatische Belastungsstörung)

Das kann soweit gehen, dass Sie auf Grund dieser Erlebnisse eine vollkommende Arbeitsunfähigkeit erreichen.

Die häufigsten ausreden von Berufskraftfahrern sind:
„Das wiegt zwei Tonnen das rutscht nicht"
„Ein Gurt muss reichen, vielmehr Gurte sind auch nur Schwachsinn"
„Der Zurrgurt kann sich während der Fahrt nicht lockern"
„Hätte der PKW Fahrer nicht so plötzlich gebremst, wäre ich auch nicht ins Schleudern geraten und dann wäre die Ladung auch drauf geblieben"
„Die Stirnwand hält das schon alles"
„Die seitenplane ist ja auch noch zur Ladungssicherung da"

Prinzipiell geht Ladungssicherung jeden was an!
Vom Fußgänger bis zum großen Gigaliner.

Berufskraftfahrer und allgemeine Verkehrsteilnehmer tragen für jeden ein Stück Verantwortung mit.

1.2 Unfallstatistiken

In der Grafik kann man erkennen, dass sich die meisten meldepflichtigen Arbeitsunfälle bei den Arbeiten rund um den LKW passieren. Dazu gehören Arbeiten wie z.B. Tanken, Be-und Entladen, Fahrzeugwartung und Fahrzeugpflege usw.

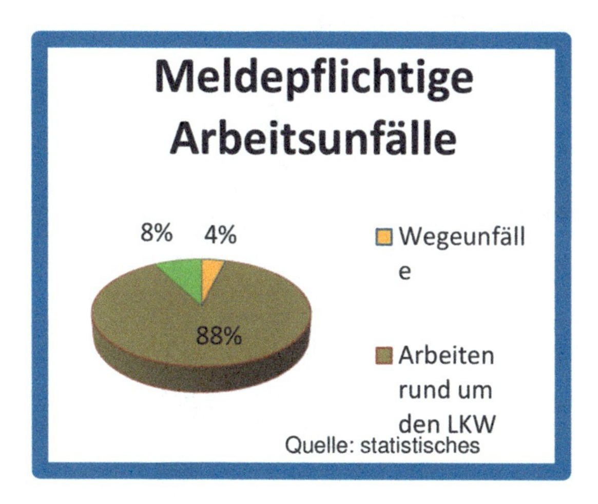

Es besteht ein sehr großes Einsparpotenzial in diesem Bereich. Dabei kann man die meisten Unfälle durch das Tragen der PSA (Persönliche Schutz Ausrüstung) vermeiden.
Noch zu oft steigen Berufskraftfahrer aus dem Fahrerhaus aus und Be- und Entladen in sogenannten Clogs.

Dabei sind die meisten Arbeitsunfälle leichte Verletzungen wie z.B. Quetschungen oder Verstauchungen.

In der Grafik sieht man die Unfälle die durch auftretende Fliehkräfte in den letzten drei Jahren geschehen sind.
Dabei lagen die schwerwiegenden Unfälle mit Sachschaden mit 3591 an der ersten Stelle.
In den letzten drei Jahren starben 33 Menschen bei Unfällen die durch auftretende Fliehkräfte geschehen sind.
Dies zeugt davon, dass es noch ein sehr aktuelles Thema ist.
Die Fliehkräfte wirken bei jedem Kraftfahrzeug. Ladungssicherung geht jeden Verkehrsteilnehmer etwas an.

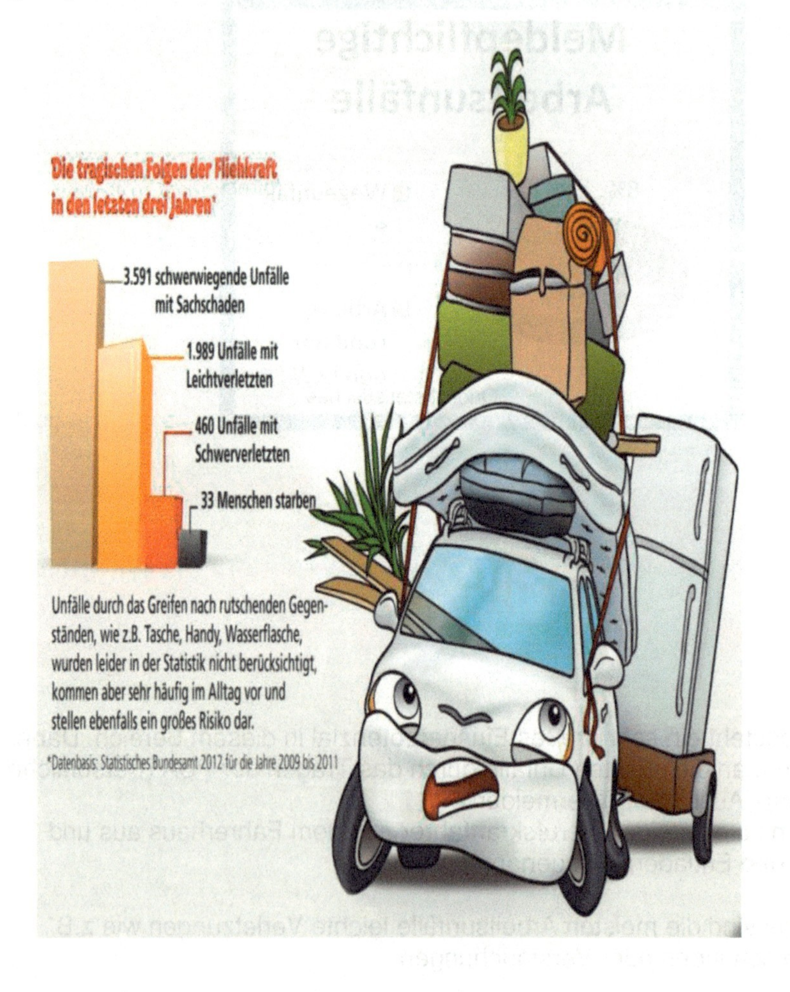

2. rechtliche Grundlagen

In den rechtlichen Grundlagen sollen Sie kennenlernen welche Vorschriften und Gesetze sich um die Ladungssicherung drehen. Es werden weiterhin auch die Verantwortlichkeiten der einzelnen am Transportprozess beteiligten Personen aufgezeigt.

In der freien Marktwirtschaft hat sich schon längst rumgesprochen das, wenn bei einer allgemeinen Verkehrskontrolle ein Verstoß gegen die Ladungssicherungs rechtlichen Vorschriften und Gesetze festgestellt wird, nicht nur der Fahrer haftet. Dennoch sind einige Verlader der Meinung sie beträfe dies nicht da sie nur das Gut beladen und damit Ihrer Aufgabe gerecht worden sind.

In den folgenden Themen geht es auch um die zulässigen Achslasten, Gesamtgewichte und Abmessungen von Kraftfahrzeugen, Aufliegern und Anhängern und wie sich das ganze zusammen setzt. Dabei sind bestimmte Gesetze zu beachten.

Auch da Thema Gefahrgut wird in diesem Kapitel behandelt. Es gibt bestimmte Regelungen zur Ladungssicherung die in, später erklärten, Verordnungen und Übereinkommen stehen.

2.1.1 Öffentliches- und Zivilrecht

In Deutschland unterscheidet man zwischen dem öffentliches Recht und dem zivil Recht. Das bezieht sich auch auf die Ladungssicherung.

Im Zivilrecht stehen sich immer zwei natürliche Personen gegenüber. Der Staat tritt in dem Fall als Vermittler auf. Beide Parteien sind gleichberechtigt.
Der Streitwert entscheidet über die Gerichtskosten und die Anwaltskosten. Dabei gibt es zwei Gerichte die sich mit dem Zivilrecht befassen das Landgericht und das Amtsgericht.

Das Amtsgericht verhandelt Fälle wie z.B.:
Mietstreitigkeiten, Ehescheidungen und alle Verhandlungen bis zu einem Streitwert von 5000 Euro.

Das Landgericht ist für alle anderen Streitigkeiten verantwortlich.

Im öffentlichen Recht stehen sich immer Staat und Bürger gegenüber. Der Staat ist dem Bürger übergeordnet.

Für den Berufskraftfahrer heißt das dann, dass er Wissen muss welche Partei unter welches Recht fällt und was das für Sie als Fahrer bedeutet. Dies macht die folgende Abbildung im Bereich der Ladungssicherung deutlich.

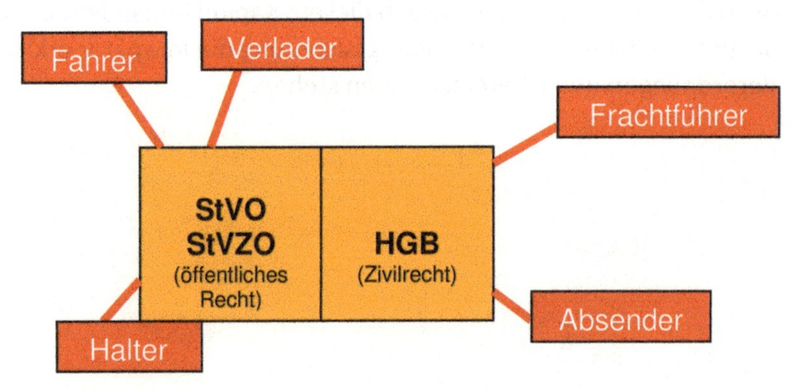

2.1.2 Verantwortlichkeiten der am Prozess beteiligten

Verantwortlichkeiten des Fahrers:

Der Fahrer ist die Person, die grundsätzlich die Ladungssicherung durchführt. Er dient gleichzeitig als erster und direkter Ansprechpartner für die Kontrollorgane wie z.B. Polizei und BAG. Die Pflichten des Fahrers sind in den §§ 22 und 23 Abs. 1 StVO geregelt.

§22 StVO Abs.1

Die Ladung einschließlich Geräte zur Ladungssicherung sowie Ladeeinrichtungen sind so zu verstauen und zu sichern, dass sie selbst bei Vollbremsung oder plötzlicher Ausweichbewegung nicht verrutschen, umfallen, hin- und herrollen, herabfallen oder vermeidbaren Lärm erzeugen können. Dabei sind die anerkannten Regeln der Technik zu beachten.

Quelle: Bundesministerium der Justiz und für Verbraucherschutz

Der im §22 StVO stehende Satz ..."Dabei sind die anerkannten Regeln der Technik zu beachten" bezieht sich auf die folgenden Regelwerke.

Das Oberlandesgericht beschloss am 06.09.1991 die Richtlinie VDI 2700 als „objektiviertes Sachverständigengutachten“ zu zulassen. Dies bedeutet, dass der Fahrer die Ladungssicherung nach diesem Regelwerk VDI 2700 durchzuführen hat, deshalb sollte sich der Fahrer einer regelmäßigen und fachgerechten Schulung unterziehen.

Es werden für den Fahrer noch drei weitere Pflichten in der Rechtsprechung abgeleitet:

- Pflicht zur Kontrolle der Ladungssicherung und Lastverteilung vor Fahrtantritt
- Pflicht zur Kontrolle und Nachbesserung der Ladungssicherung während des Transportes
- Pflicht zur Anpassung des Fahrverhaltens auf die Ladung

§ 23 Abs. 1 StVO

Wer ein Fahrzeug führt, ist dafür verantwortlich, dass seine Sicht und das Gehör nicht durch die Besetzung, Tiere, die Ladung, Geräte oder den Zustand des Fahrzeugs beeinträchtigt werden. Wer ein Fahrzeug führt, hat zudem dafür zu sorgen, dass das Fahrzeug, der Zug, das Gespann sowie die Ladung und die Besetzung vorschriftsmäßig sind und dass die Verkehrssicherheit des Fahrzeugs durch die Ladung oder die Besetzung nicht leidet.

Quelle: Bundesministerium der Justiz und für Verbraucherschutz

Es ist durch diese Vorschriften und Regelungen ersichtlich, dass der Fahrzeugführer eine große Verantwortung trägt. In der folgenden Grafik ist das wesentliche aus den §§ 22 und 23 Abs.1 StVO zusammengetragen.

StVO (Straßenverkehrs-Ordnung)	
§ 22 Abs. 1	**§ 23 Abs. 1**
• Die anerkannten Regeln der Technik sind zu beachten • Die Ladung einschließlich Geräte und weitere Ladeeinrichtungen müssen einer Vollbremsung und starken Ausweichmanövern Aushalten ohne zu verrutschen	• Die Sicht und das Gehör darf nicht beeinträchtigt werden durch die Ladung • Die Verkehrssicherheit darf nicht beeinträchtigt werden • Kennzeichnungen gut lesbar anbringen

Verantwortlichkeiten des Verladers:

Die Rechtsgrundlage bildet der § 22 StVO, denn er ist nicht, wie allgemein angenommen wird, ausschließlich an den Fahrzeugführer gerichtet.

Das entschied das Oberlandesgericht Stuttgart am 27.12.1982. Der Beschluss beschloss, dass nicht nur der Fahrer sondern auch der Verlader sich an den § 22 StVO zu richten hat.

Verlader ist nicht der Gabelstaplerfahrer sondern der „Leiter der Ladearbeiten", bei Gefahrguttransporten die „Beauftragte Person des Verladers". Dabei gilt der Grundsatz das diese Person eigenständige Entscheidungen treffen dürfen bei der Ladungssicherung. Sollte die Geschäftsleitung diese Aufgabe nicht an einen Mitarbeiter abgegeben haben, so haftet die Geschäftsleitung.

Der Verlader hat nicht die Möglichkeit die komplette Verantwortung auf den Fahrzeugführer zu übertragen.

Verantwortlichkeiten des Fahrzeughalters:

Grundsätzlich ist der Fahrzeughalter für den ordnungsgemäßen Zustand und für die ordnungsgemäße Ausrüstung seines Fahrzeuges verantwortlich. Dies gilt auch für die Bereitstellung der Ladungssicherungsmittel.

Der §31 Abs.2 StVZO bildet dafür die rechtliche Rahmenbedingung. Das Oberlandesgericht Düsseldorf entschied mit dem Beschluss vom 18.07.1989, dass auch der Fahrzeughalter die VDI 2700 allgemein zu beachten hat.

§31 Abs.2 StVZO

Der Halter darf die Inbetriebnahme nicht anordnen oder zulassen, wenn ihm bekannt ist oder bekannt sein muss, dass der Führer nicht zur selbstständigen Leitung geeignet oder das Fahrzeug, der Zug, das Gespann, die Ladung oder die Besetzung nicht vorschriftsmäßig ist oder dass die Verkehrssicherheit des Fahrzeugs durch die Ladung oder die Besetzung leidet.

Quelle: Bundesministerium der Justiz und für Verbraucherschutz

Für den Fahrzeughalter heißt das, dass er u.a. auch für die ausreichende Bereitstellung der Ladungssicherungsmittelverantwortlich ist und damit auch für die Ausrüstung der selbigen verantwortlich ist. Ist ein Fahrzeug nicht mehr in der Lage die Verkehrssicherheit zu gewährleisten oder der Fahrzeugführer stellt Mängel fest die die Verkehrssicherheit beeinträchtigen so hat er das Fahrzeug auf kürzesten Wege aus dem Verkehr zu ziehen oder in eine geeignete Werkstatt zu fahren. Der Fahrzeugführer entscheidet darüber ob das Kraftfahrzeug die Verkehrssicherheit gefährdet oder nicht.

Verantwortlichkeit	Gesetz
Gestellung und Ausrüstung eines geeigneten Fahrzeuges	§§30,31 StVZO
Einsatz von geeigneten Fahrzeugführern	§ 31 StVZO

Verantwortlichkeiten des Absenders und des Frachtführers:

Das Handelsgesetzbuch (HGB) bildet den gesetzlichen Rahmen für die Verantwortlichkeiten von Absender und Frachtführer. In den §§ 412 Abs.1 und 411HGB stehen die Verantwortlichkeiten für Frachtführer, Spediteur und Absender, unabhängig von der Art der Ladung. Dieses Gesetz lehnt sich stark an das „Übereinkommen über den Beförderungsvertrag im internationalen Straßengüterverkehr" (CMR) an.

§411 HGB

Der Absender hat das Gut, soweit dessen Natur unter Berücksichtigung der vereinbarten Beförderung einer Verpackung erfordert, so zu verpacken, dass es vor Verlust und Beschädigung geschützt ist und dass auch dem Frachtführer keine Schäden entstehen. Soll das Gut in einem Container, auf einer Palette oder in oder auf einem sonstigen Lademittel, das zur Zusammenfassung von Frachtstücken verwendet wird, zur Beförderung übergeben werden, hat der Absender das Gut auch in oder auf dem Lademittel beförderungssicher zu stauen und zu sichern. Der Absender hat das Gut ferner, soweit dessen vertragsgemäße Behandlung dies erfordert, zu kennzeichnen.

Quelle: Bundesministerium der Justiz und für Verbraucherschutz

§412 Abs.1 HGB

> **Soweit sich aus den Umständen oder der Verkehrssitte nicht etwas anderes ergibt, hat der Absender das Gut beförderungssicher zu laden, zu stauen und zu befestigen (verladen) sowie zu entladen. Der Frachtführer hat für die betriebssichere Verladung zu sorgen.**
> Quelle: Bundesministerium der Justiz und für Verbraucherschutz

Das HGB unterscheidet zwischen zwei Verladungen. Die aber auch

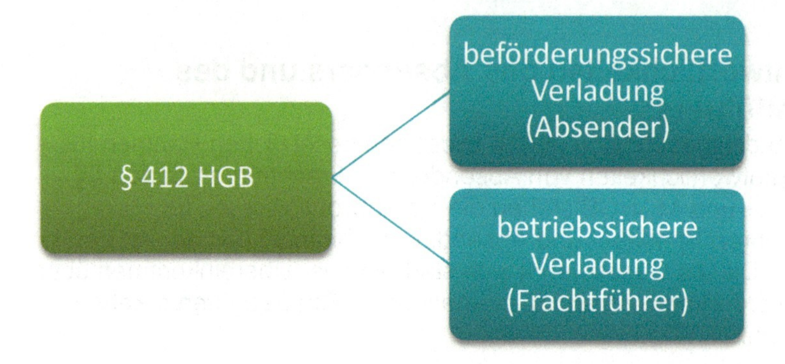

Die beförderungssichere Verladung ist das Stapeln, Stauen, Verzurren, Verkeilen, Verspannen und Sichern der Ladung. Dies muss so geschehen das, dass Fahrzeug oder die Ladung bei vertragsgemäßer und normaler Beförderung nicht beschädigt wird.

Die betriebssichere Verladung ist die Gestellung des geeigneten Fahrzeuges durch den Frachtführer. Darüber hinaus hat er die vorgeschriebenen Abmessungen, Achslasten und Gewichte zu beachten. Der Transport muss bei normaler und vertragsmäßiger Beförderung möglich sein.

Achtung:

Vertragsgemäßer und normaler Beförderung heißt, dass die Ladung oder das Fahrzeug auch bei Extremsituationen keinen Schaden nimmt.

Umzugsgut

Das HGB behandelt im Gegensatz zu den anderen Güterarten das Umzugsgut gesondert. Dabei geht es um die Verantwortlichkeiten des Frachtführers, diese werden im §451a HGB geregelt.

§451a Abs. 1 HGB

Die Pflichten des Frachtführers umfassen auch das Ab- und Aufbauen der Möbel sowie das Ver- und Entladen des Umzugsgutes.
Quelle: Bundesministerium der Justiz und für Verbraucherschutz

§451a Abs.2 HGB

Ist der Absender ein Verbraucher, so zählt zu den Pflichten des Frachtführers ferner die Ausführung sonstiger auf den Umzug bezogener Leistungen wie die Verpackung und Kennzeichnung des Umzugsgutes.
Quelle: Bundesministerium der Justiz und für Verbraucherschutz

2.1.3 Unfallverhütungsvorschriften (UVV)

Neben den Straßenverkehrsrechtlichen Regelungen gibt es noch die Regelungen der gesetzlichen Unfallversicherungsträger, auch als BG bekannt, die zu beachten sind. Bei nicht Einhaltung der Vorschriften werden auch Bußgelder verlangt. Die BGV D29 „Fahrzeuge" bildet für das Fahrpersonal die rechtliche Grundlage.

§37 UVV „Fahrzeuge" (BGV D29)

Beim Beladen der Fahrzeuge müssen die zulässigen Maße und Gewichte eingehalten werden. Die Lastverteilung hat so zu erfolgen, dass das Fahrverhalten sich nicht ins negative verändern kann.

Beim Be- und Entladen ist zu beachten das die Fahrzeuge nicht fortrollen, kippen oder umstürzen können. Beim Be- und Entladen müssen mögliche Gefahren für Personen beseitigt werden. Es ist darauf zu achten das andere Personen nicht durch Ladungsteile oder Stoffe gefährdet werden können.

Ladungen die über die Begrenzung der Fahrzeuge ragen müssen wenn erforderlich gekennzeichnet werden. Beim Be- und Entladen müssen die Durchfahrtshöhen und – breiten des Transportweges berücksichtigt werden.

Diese Unfallverhütungsvorschriften wurden eingeführt um mögliche „rechtfreie Räume" zu schließen. Da in der Regel die StVO nicht auf den Betriebsgeländen gelten. Die Unfallverhütungsvorschriften gelten auf allen Betriebsgeländen ganz gleich ob die StVO noch zusätzlich gilt oder nicht.

Die Unfallverhütungsvorschriften ergänzen die Verkehrsvorschriften StVO und StVZO. Es wird in der BGV D29 ausdrücklich auf die Einhaltung der Maßen und Gewichte hingewiesen und auf die Einbeziehung des Lastverteilungsplanes.

2.1.4 Technische Regelwerke

VDI 2700 ff.

Die Technischen Regelwerke beziehen sich auf die schon erwähnten Verein Deutscher Ingenieure. Darunter fällt auch die VDI 2700 ff. Dieses Regelwerk soll es ermöglichen, dass die ordnungsgemäße und Sachgerechte Ladungssicherung mit Spannmitteln und Hilfsmitteln durchgeführt werden kann und in der Praxis auch umzusetzen ist. Dieses Regelwerk bildet auch die Grundlage für die Berechnungen der auftretenden Kräfte und der nötigen Sicherungsmittel.

Kombinierter Verkehr

Regelungen auf anderen Verkehrsträgern.

Für die Ladungssicherung auf verschiedenen Verkehrsträgern gibt es verschiedene Regelwerke. Für den Straßenverkehr gilt die VDI2700 ff. Im Bahnverkehr gibt es eine gesonderte Regelung die UIC-Vorschrift „Regolamento Internationale Veicholi“ (RIV). Für den Weltweiten Kombinierten Verkehr gilt die CTU-Packrichtlinie.

Bahnverkehr

Sollten Güter im Kombinierten Verkehr transportiert werden mit Großcontainern, Wechselbehälter oder Sattelaufliegern, so ist nicht nur die VDI 2700 ff. zu beachten sondern auch die Bahnrechtliche Regelung.

CTU-Packrichtlinie

Die Richtlinie wurde für das Packen von Ladungen außer Schüttgut eingeführt, um einen einheitlichen Standard zu gewährleisten. Dabei haben sich der Schiffsicherheitsausschuss und das Bundesministerium für Verkehr, Bau-und Wohnungswesen beraten und die CTU-Packrichtlinie entwickelt.

Sollte eine Ladeeinheit nicht nur über den Landweg sondern auch übern Seeweg zu seinem Ziel befördert werden, so ist die VDI 2700 ff. als auch die CTU-Packrichtlinie zu beachten.

1. Welche zwei Rechtsarten unterscheidet das Deutsche Rechtssystem?

---

2. Was ist die VDI 2700?

---

3. In welchen Gesetzen und/oder Verordnungen steht was über die Ladungssicherung?

---

4. Zwischen welchen zwei Verladungen unterscheidet der §412 HGB?

2.2 Gefahrguttransporte nach ADR

Bei Gefahrguttransporten spielt die Ladungssicherung noch eine größere Rolle. Da diese Güter eine bestimmte Gefährdung aufweisen und es bei den kleinsten Unachtsamkeit bei der Ladungssicherung zu vergärenden Unglücken kommen kann.

Die Abkürzung ADR heißt übersetzt: Accord européen relatif transport international des marchandises Dangereuses par Route, deutsch Europäisches Übereinkommen über die internationale Beförderung gefährlicher Güter auf der Straße.

Im ADR finden sich spezialgesetzliche Bestimmungen die über die allgemeine straßenverkehrsrechtlichen Bestimmungen hinaus geht. Im ADR sind auch noch mal die speziellen Verantwortlichkeiten geregelt für die Ladungssicherung beim Transport mit gefährlichen Gütern.

Nach dem ADR sind der Fahrzeugführer und der Verlader für die Ladungssicherung verantwortlich.

Der Halter und der Beförderer sind nach dem ADR für die Gestellung des richtigen Fahrzeuges und der richtigen Ladungssicherungsmitteln verantwortlich.

2.2.1 Regelungen und Verantwortlichkeiten

Neben dem ADR sind auch noch Nationale Gesetze und Vorschriften im Rahmen der Gefahrgutbeförderung in Verbindung mit der Ladungssicherung zu beachten.
Dazu gehören:

- GGVSEB (Gefahrgutverordnung Straße, Eisenbahn- und Binnenschifffahrt)
- GGBefG (Gefahrgutbeförderungsgesetz)

Die Verantwortlichkeiten sind in den §§ 18, 19, 22, 28 und 29 GGVSEB geregelt. Auch das HGB regelt in den §410 HGB die Verantwortlichkeiten bei der Beförderung von Gefahrgut auf der Straße.

Pflichten des Absenders

§18 GGVSEB

Der Absender im Straßen- und Eisenbahnverkehr sowie in der Binnenschifffahrt hat
1.
den Beförderer und, wenn die gefährlichen Güter über deutsche See-, Binnen- oder Flughäfen eingeführt worden sind, den Verlader, der als erster die gefährlichen Güter zur Beförderung mit Straßenfahrzeugen, mit der Eisenbahn oder mit Binnenschiffen übergibt oder im Straßenverkehr oder im Binnenschiffsverkehr selbst befördert, mit Erteilung des Beförderungsauftrags
a)
auf das gefährliche Gut durch die Angaben nach Absatz 5.4.1.1.1 Buchstabe a bis d ADR/RID/ADN oder Absatz 5.4.1.1.2 Buchstabe a bis d ADN
b)
und, wenn Güter auf der Straße befördert werden, die § 35 Absatz 1 unterliegen, auf dessen Beachtung schriftlich hinzuweisen.

Quelle: Bundesministerium der Justiz und für Verbraucherschutz

§410 Abs.1 HGB

Soll gefährliches Gut befördert werden, so hat der Absender dem Frachtführer rechtzeitig in Textform die genaue Art der Gefahr und, soweit erforderlich, zu ergreifende Vorsichtsmaßnahmen mitzuteilen.

Quelle: Bundesministerium der Justiz und für Verbraucherschutz

Pflichten des Verpackers

§22 GGVSEB

Der Verpacker im Straßen- und Eisenbahnverkehr sowie in der Binnenschifffahrt hat

6. Versandstücke in den Umverpackungen zu sichern.

Quelle: Bundesministerium der Justiz und für Verbraucherschutz

Pflichten des Frachtführers

§410 Abs.2 HGB

Der Frachtführer kann, sofern ihm nicht bei Übernahme des Gutes die Art der Gefahr bekannt war oder jedenfalls mitgeteilt worden ist,

1.

gefährliches Gut ausladen, einlagern, zurückbefördern oder soweit erforderlich, vernichten oder unschädlich machen, ohne dem Absender deshalb ersatzpflichtig zu werden, und

2.

vom Absender wegen dieser Maßnahmen Ersatz der erforderlichen Aufwendungen verlangen.

Quelle: Bundesministerium der Justiz und für Verbraucherschutz

§28 GGVSEB

Der Fahrzeugführer im Straßenverkehr hat

1. kein Versandstück zu befördern, dessen Verpackung erkennbar unvollständig oder beschädigt, insbesondere undicht ist, sodass gefährliches Gut austritt oder austreten kann.

Quelle: Bundesministerium der Justiz und für Verbraucherschutz

Pflichten des Beförderers

§19 GGVSEB

Der Beförderer im Straßenverkehr hat
15. dem Fahrzeugführer die erforderliche Ausrüstung zur Durchführung der Ladungssicherung zu übergeben;

16. die Beförderungseinheit nach Abschnitt 8.1.5 ADR auszurüsten.

Quelle: Bundesministerium der Justiz und für Verbraucherschutz

Pflichten mehrerer Beteiligter im Straßenverkehr

§29 GGVSEB

Der Verlader und der Fahrzeugführer im Straßenverkehr haben die Vorschriften über die Beladung und die Handhabung nach den Unterabschnitten 7.5.1.1, 7.5.1.2, 7.5.1.4 und 7.5.1.5 und den Abschnitten 7.5.2, 7.5.5, 7.5.7, 7.5.8 und 7.5.11 ADR zu beachten.

Quelle: Bundesministerium der Justiz und für Verbraucherschutz

2.2.2 Besonderheiten beim Gefahrgut

Berufskraftfahrer haben die Möglichkeit auch ohne Schulungsnachweis, über die Beförderung von Gefahrgut auf der Straße, Gefahrgüter zu befördern.

1000 Punkte Regelung nach 1.1.3.6 ADR

LQ-Regelung (Begrenzte Menge)

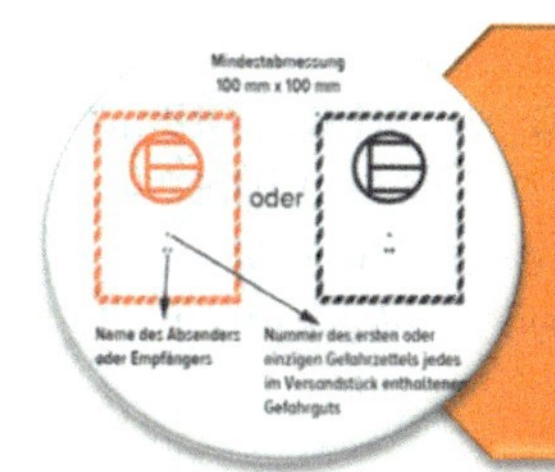

EQ-Regelung (Freigestellte Menge)

Quellen: dvz, cogitolab, seton

1000 Punkte- Regelung

Die 1000 Punkte- Regelung die nach Abschnitt1.1.3.6 des ADR geregelt ist, besagt das Fahrzeugführer die Gefahrgüter befördern möchten, erst bei einem Punktewert von über 1000 Punkte die Kennzeichnungspflicht der Fahrzeuge beachten müssen.
Fahrzeugführer, die über keinen Schulungsnachweis verfügen dürfen demnach Gefahrgüter befördern sofern die 1000 Punkte in der Gesamtfahrzeugladung nicht überschritten werden. Dabei werden die Einzelgutpunkte addiert und ergeben dann die Gesamtladungspunkte.

LQ-Regelung

Die LQ-Regelung besagt, dass ein Gefahrgut unter den Begrenzten Mengen Bereich fällt. Genauer betrachtet heißt das, das diese Güter an sich Gefährliche Güter sind die unter das ADR fallen, aber auf Grund der kleinen Verpackungsmenge z.B.: Spraydosen, Farben, Lacke oder aber auch Kosmetika keine große Gefahr auszugehen ist.

Dieser Transport ist bei einem gesamt Bruttogewicht von 8000kg kennzeichnungspflichtig oder die zulässige Gesamtmasse der Beförderungseinheit höher als 12t ist.

EQ-Regelung

Die EQ-Regelung bezieht sich wie die LQ-Regelung auf die Verpackung von Gefahrgut in kleinen Mengen. Diese Güter müssen gekennzeichnet sein nach ADR. Zu beachten ist das maximal nur 1000 Versandstücke in freigestellter Menge verladen dürfen pro Ladeeinheit.

2.2.3 Praxisbeispiele

Quelle:ff-feucht

Als Fahrer tragen sie Verantwortung!

Quelle:nh24

uelle: basellandschaftlichezeitung

1. Welche Nationalen Gesetze regeln die Pflichten in der Beförderung von Gefahrgut?

---

2. Welche ist nach ADR für die Ladungssicherung verantwortlich?

---

3. Wer ist nach ADR für die Gestellung der richtigen Fahrzeuge und Ladungssicherungsmittel zuständig?

---

4. Warum sind Gefahrgüter eine besondere Art von Ladung?

---

5. Was regelt das ADR?

2.3.1 Auszüge aus § 32 StVZO und §22 StVO

Höhe:
Fahrzeuge dürfen mit ihrer Ladung nicht höher sein als 4,00m sein. Land- und Forstwirtschaftliche Fahrzeuge müssen sich ohne Beladung mit Land- und Forstwirtschaftlichen Erzeugnissen auch nur 4,00m betragen.
Mit Beladung von Land- und Forstwirtschaftlichen Erzeugnissen dürfen diese Kraftfahrzeuge auch höher als 4,00m sein.

Breite:
Fahrzeuge dürfen zusammen mit ihrer Ladung nicht Breiter als 2,55m sein. Land- und Forstwirtschaftliche Fahrzeuge dürfen 3,00m breit sein, sofern Land- und Forstwirtschaftliche Erzeugnisse oder Gerätschaften transportiert werden. Kühlfahrzeuge dürfen wenn die Seitenwand einschließlich Wärmedämmung mindestens 45mm dick ist 2,60m breit sein.

Achtung

Zu beachten ist das die Fahrzeugbreite ohne Spiegel bemessen wird. Dies bedeutet zu der im Zulassungsteil 1 beschriebenen Fahrzeugbreite die Spiegel noch dazu zu rechnen sind.

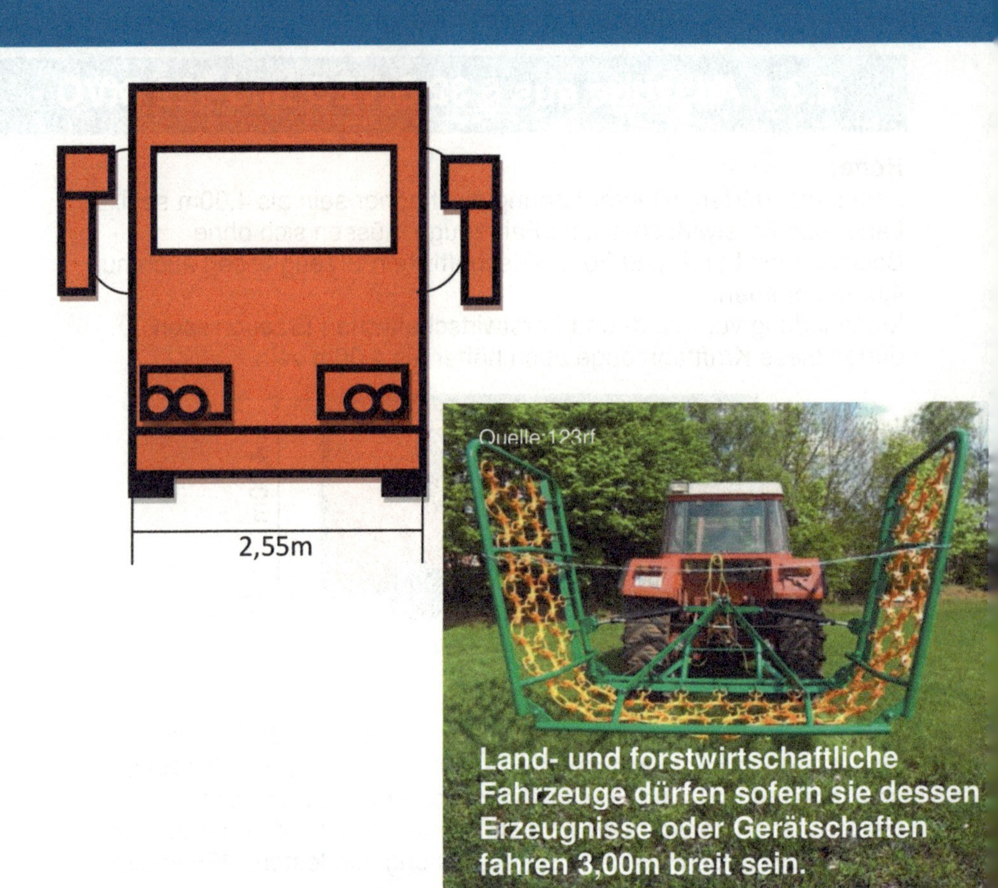

Land- und forstwirtschaftliche Fahrzeuge dürfen sofern sie dessen Erzeugnisse oder Gerätschaften fahren 3,00m breit sein.

Kühlfahrzeuge dürfen bei einer mind. Wanddicke von 45mm maximal 2,60m breit sein.

Quelle:kress

Länge:
Kraftfahrzeuge und Anhänger dürfen eine maximale Länge von 12,00m aufweisen. Ausgenommen sind Kraftomnibusse und Sattelauflieger.

Zweiachsige Kraftomnibusse dürfen eine maximale Länge von 13,50m aufweisen, bei mehr als drei Achsen sind 15,00m zulässig einschließlich abnehmbarer Zubehörteile (Skybox).

Die Zugkombination aus Lastkraftwagen und Anhänger darf eine maximale Länge von 18,75m aufweisen. Dies gilt auch für Zugmaschinenzüge.

Sattelzüge dürfen eine maximale Länge von 15,50m aufweisen. Es ist gestattet die maximale Länge auf 16,50m zu erweitern wenn:

- Achse des Königszapfens bis zur hinteren Begrenzung maximal 12,00m lang ist
- Und der vordere Überhangradius nicht größer als 2,04m ist.

Max. 2,04m

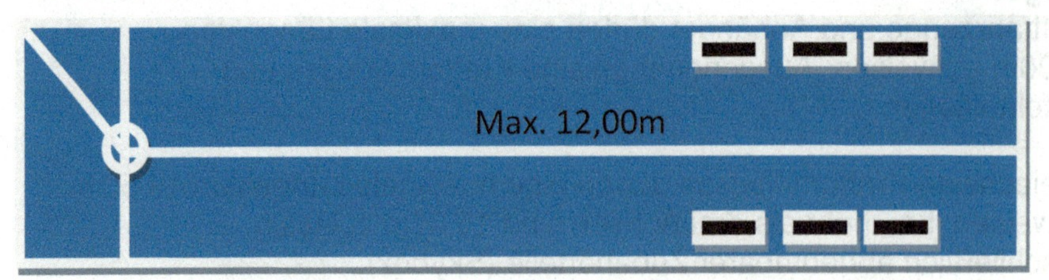

Autotransporter dürfen auf Grund ihrer Bauweise 20,75m lang sein.

Die Ladung darf 1,50m nach hinten raus ragen und ab einer Höhe von 2,50m, 0,50m nach vorne raus ragen.

Der §32 StVZO bildet die Gesetzliche Grundlage für die Abmessungen von Fahrzeugen einschließlich ihrer Ladungen.

Auszüge aus der Verwaltungsvorschrift zum §22 StVO

Die verkehrssichere Verstauung setzt sich aus der einer Verkehrs- und Betriebssicheren nicht beeinträchtigende Verteilung zusammen. Schüttgüter, wie Sand, Kies, oder aber auch gebündeltes Papier oder Kunststoff, die auf Lastkraftwagen befördert werden, sind nur dann besonders gegen Herabfallen zu sichern, wenn durch über hohe Bordwände, Planen oder ähnliche Mittel sichergestellt ist, dass nur unwesentliche Teile der Ladung herab fallen könnten. Verboten ist es Kanister oder Blechbehälter ungesichert auf der Ladefläche zu befördern.

2.3.1 Achslasten nach §34 StVZO

Achslasten von Kraftfahrzeugen:

Der §34 StVZO regelt die höchst zulässigen Achslasten und das höchst zulässige Gesamtgewicht. Der §34 StVZO unterscheidet zwischen den drei Bereichen Einzelachslast, Doppelachslast und Dreifachachslast bei der Achslastbestimmung. Die Einzelachslast wir nochmals unterscheiden zwischen den zwei Bereichen nicht angetriebene und angetriebene Achsen wie die folgende Grafik darstellt.

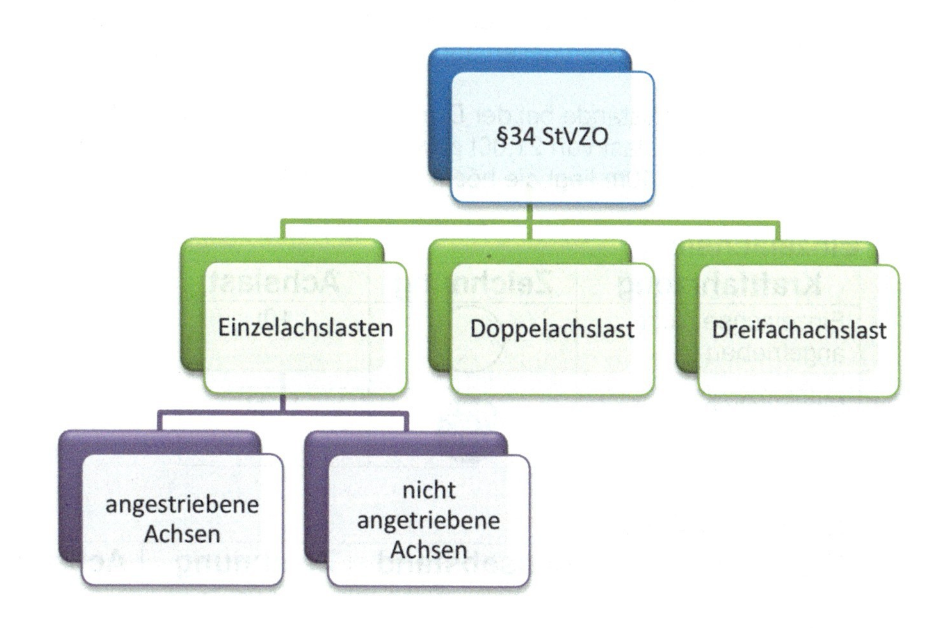

Bei Einzelachsen die nicht angetrieben werden liegt die Achslast bei 10,00t, bei angetriebenen Einzelachsen liegt sie bei 11,50t.
Bei Doppelachsigen Kraftfahrzeugen spielt der wesentliche Grund für die Bestimmung der Achslasten der Abstand zwischen beiden Achsen.

Ist der Achsabstand weniger als 1,00m beträgt die höchst zulässige Achslast 11,50t, ist der Achsabstand zwischen 1,00m und 1,30m dann liegt sie bei 16,00t, bei einem Achsabstand von 1,30m bis 1,80m liegt die höchst zulässige Achslast bei 18,00t. Alles was über einen Achsabstand von 1,80m geht beträgt die höchst zulässige Achslast 20,00t. Diese Achslasten gelten auch für Anhänger und Auflieger.

Liegen die Achsabstände bei der Dreifachachslast bei bis zu 1,30m dann ist eine Achslast von 21,00t gewährleitet, bei Achsabständen über 1,30m bis 1,40m liegt die höchst zulässige Achslast bei 24,00t.

Einzelachslast

Kraftfahrzeug	Zeichnung	Achslast
Einzelachse nicht angetrieben	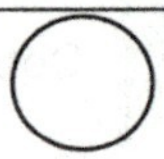	10t
Einzelachse angetrieben		11,5t

Doppelachslast

Kraftfahrzeug	Achsabstand	Zeichnung	Achslast
Lastkraftwagen, Auflieger, Anhänger, Zugmaschine, SZM	a<1,00m	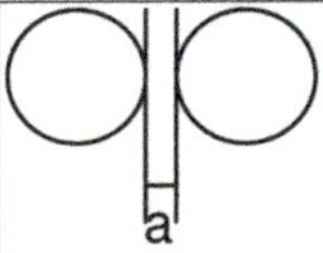 a	11,50t
Lastkraftwagen, Auflieger, Anhänger, Zugmaschine, SZM	a=1,00-1,30m	 a	16,00t

Lastkraftwagen, Auflieger, Anhänger, Zugmaschine, SZM	a=1,30-1,80m		18,00t
Lastkraftwagen, Auflieger, Anhänger, Zugmaschine, SZM	a>1,80m	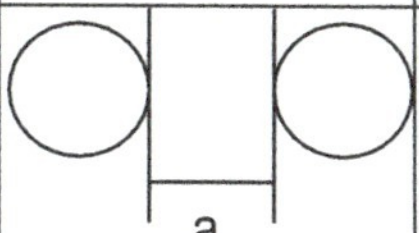	20,00t

Dreifachachslasten

Kraftfahrzeug	Achsabstand	Zeichnung	Achslast
Auflieger, Anhänger	a<1,30m	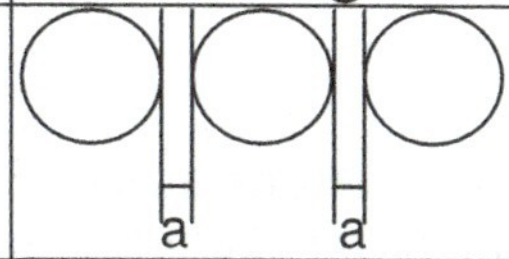	21,00t
Auflieger, Anhänger	a=1,30-1,40m	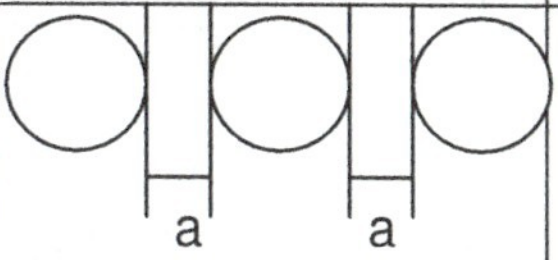	24,00t

1. **Dürfen Kraftfahrzeuge die maximale Breite von 2,55m überschreiten, wenn ja dann welche Kraftfahrzeuge und warum sie dies dürfen.**

2. **Was ist im Hinblick auf die Fahrzeugbreite noch zu beachten?**

3. **Zwischen welchen zwei Bereichen unterscheidet der §34 StVZO bei der Einzelachslast?**

4. **Wann darf ein Kraftfahrzeug, Auflieger oder Anhänger eine Achslast von 18,00t haben?**

5. **In welchen drei Bereichen wird der §34 StVZO unterteilt?**

2.4.1 Maximale Fahrzeugmasse

Das zulässige Gesamtgewicht gibt an wie viel das Kraftfahrzeug maximal Wiegen darf mit Ladung und zusätzlichen Anbaugeräten oder Hilfsmitteln.

Die folgende Tabelle stellt die maximalen Gesamtgewichte, der einzelnen Kraftfahrzeuge und Anhänger dar.

Einzel Kraftfahrzeuge und Anhänger

Kraftfahrzeug und Anhänger	Zeichnung	Z.G.M.
Nicht mehr als zwei Achsen; ausgenommen KOM	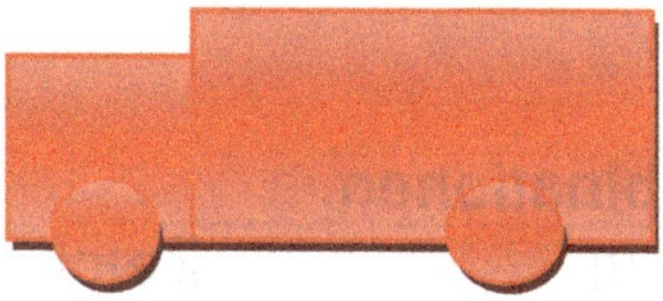 	18t
Mehr als zwei Achsen Kraftfahrzeuge ausgenommen Fahrzeuge mit einem Achsabstand von 1,00m-1,30m	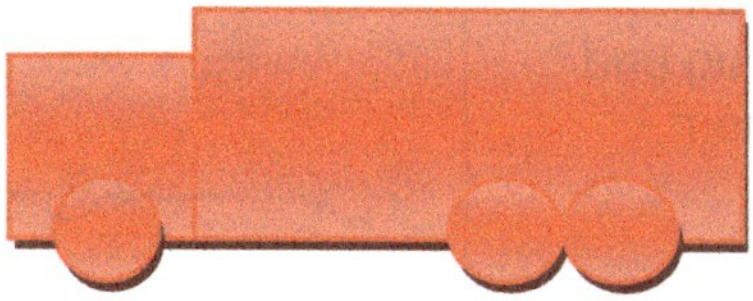	25t
Mehr als zwei Achsen Kraftfahrzeuge mit Achsabstand von 1,00m-1,30m	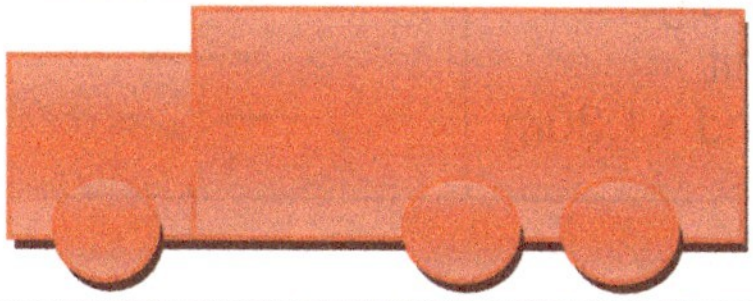	26t

Anhänger mit mehr als zwei Achsen		24t
Kraftfahrzeuge mit mehr als drei Achsen deren Mitten mind. 4m auseinander liegen		32t

Fahrzeugkombinationen

Kraftfahrzeug und Anhänger	Zeichnung	Z.G.M.
Kombination mit weniger als vier Achsen		28t
Kombination aus zweiachsigem Kraftfahrzeug und zweiachsigem Anhänger		36t
Zweiachsiges SZM mit zweiachsigem Auflieger mit Achsabstand >1,30m		36t

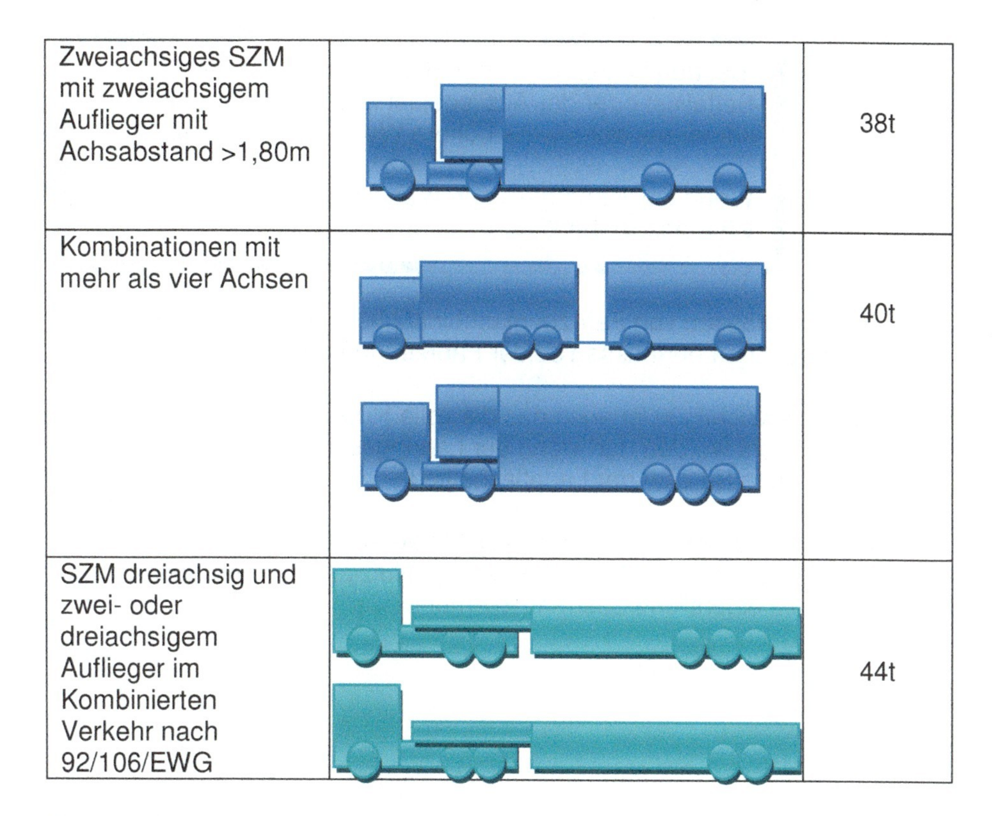

Zweiachsiges SZM mit zweiachsigem Auflieger mit Achsabstand >1,80m		38t
Kombinationen mit mehr als vier Achsen		40t
SZM dreiachsig und zwei- oder dreiachsigem Auflieger im Kombinierten Verkehr nach 92/106/EWG		44t

Die zulässige Gesamtmasse (zGM) eines Zuges errechnet man aus der zGM des Zugfahrzeuges und der zGM des Anhängers.

Bei einem Zug der aus einer Starrdeichselanhänger Variante besteht errechnet sich die zGM dieses Zuges aus der Summe der zGM des Zugfahrzeuges und der zGM des Anhängers abzüglich des höchsten Wertes der zulässigen Stützlast von Zugfahrzeug und Anhänger.

Die zGM eines Sattelzuges errechnet sich aus der zGM der Sattelzugmaschine (SZM) und des Aufliegers, abzüglich des höheren Wertes der zulässigen Sattellast der Zugmaschine oder der zulässigen Aufliegelast des Sattelanhängers.

Bei den höchsten Werten der Stützlast und der Sattellast oder der Ausliegelast ist zu beachten, dass immer nur der jeweils höhere Wert abzuziehen ist.

Wenn die Werte gleich groß sein sollte ist immer nur ein Wert abzuziehen.

Die Leermassen von Fahrzeugkombinationen werden aus der Summen der Leermassen beider Fahrzeugen errechnet.

Zu berücksichtigen ist auch das die volle Nutzlast auch nur aufgebracht werden darf wenn der Ladungsschwerpunkt in einem bestimmten Bereich der Ladefläche liegt.

Des Weiteren muss man berücksichtigen, dass durch Anbauteile (Palettenstaukästen ect.) die zulässige Nutzlast sich verringert und damit die eigentliche Leermasse erhöht.

2.5 Auszüge aus dem Bußgeldkatalog

Bußgelder nach §31 StVZO

Quelle:busgeldkataklog.net

Tatbestand	Strafe (€)	Punkte
Kraftahrzeug Inbetriebnahme angeordnet, obwohl Führer zu selbstständigen Leitung nicht geeignet war.	180	1
Kraftahrzeug Inbetriebnahme angeordnet, obwohl Führer zu selbstständigen Leitung nicht geeignet war, trotz der Kenntnis von Gefahrgut.	330	1
Überladung 2-5% Fahrzeugführer	30	
Überladung >15% Fahrzeugführer	140	1
Überladung >30% Fahrzeugführer	380	1
Überladung 2-5% Fahrzeughalter	35	
Überladung >15% Fahrzeughalter	285	1
Überladung >30% Fahrzeughalter	425	1
Ladung nicht gegen vermeidbaren Lärm gesichert	10	
Ladung ragt nach hinten 3 m raus, Ladung ragt nach hinten 1,5 raus und über 100 km/h gefahren, Ladung ragt nach vorne aus	20	
Ladung ragt nach hinten über 1 m raus und wird nicht durch Leuchte kenntlich gemacht	25	
Ladung ist nicht ausreichend gegen das Herabfallen gesichert	35	
Ladung ist nicht ausreichend gegen das Herabfallen gesichert (Gefährdung)	60	1
Ladung ist nicht ausreichend gegen das Herabfallen gesichert (Sachschaden)	75	1

3. Physikalische Grundlagen

In diesem Kapitel werde Ihnen die Physikalischen Grundlagen erklärt. Die meisten Berufskraftfahrer lassen diesen wichtigen Punkt aus bei der Beurteilung der Ladung und die damit verbundene Ladungssicherung. Dabei spielt die Physik die Hauptrolle bei der Ladungssicherung.

Wer kennt nicht die berühmten Ausreden wie z.B. „Das Teil wiegt 4 Tonnen das kann nicht rutschen". Die Physik zeigt dann in normalen Fahreralltagssituationen, dass auch dieses 4 Tonnen Teil ganz einfach in Rutschen kommen kann.

Die Kräfte die von der Ladung ausgehen bei alltäglichen Fahrmanövern sind enorm. Um diese Kräfte was entgegen zu setzen muss man verstehen was man sich als Hilfe nehmen kann und wie sich diese Kräfte zusammen setzen.

Zu diesem Kapitel gehören auch die Erklärung von aller auftretenden Kräften und deren Zusammenspiel. In der Ladungssicherung wird die Einheit nicht wie in dem Frachtbrief stehend in kg oder t angegeben sondern in daN.

3.1 Masse und Kraft

In der Einleitung hieß es, dass die Kräfte die von der Ladung ausgehen enorm sind. Grundsätzlich ist die Ladung nach §22 StVO zu sichern. Bei Fahrzeugen über 3,5t zulässige Gesamtmasse wie folgt.

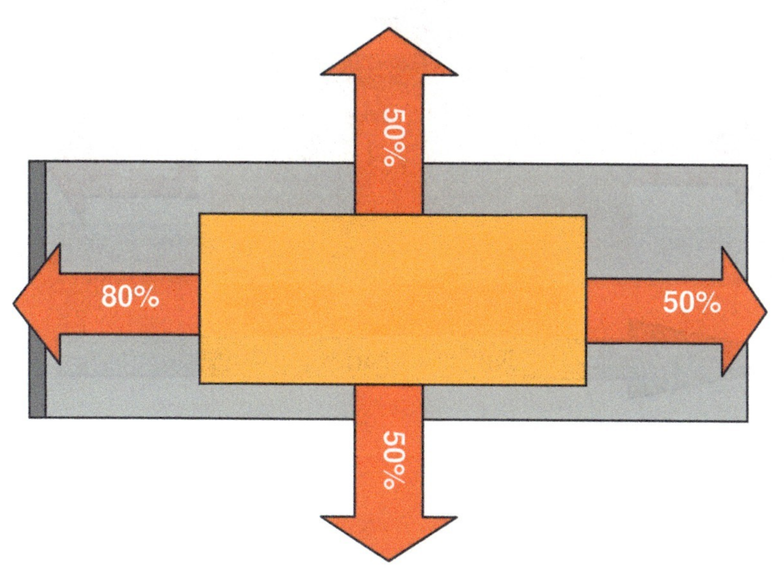

Die Ladung ist in die hier aufgezeigten Seiten zu sichern.

In Fahrtrichtung 0,8FG entspricht 80% des Ladungsgewichtes
Zu den Seiten 0,5FG entspricht 50% des Ladungsgewichtes
Nach hinten 0,5FG entspricht 50% des Ladungsgewichtes

Die Kräfte die nach vorne wirken sind so hoch das sie 80% des Ladungsgewichtes entsprechen. Zur Seite und nach hinten sind es 50% des Ladungsgewichtes.

Die Ladungssicherung hat die Aufgabe diesen Kräften Einhalt zu gebieten. Dies geschieht durch geeignete Maßnahmen geschehen und durch geeigneten Hilfsmittel noch effizienter geschehen.

Von oben wirken immer 100% des Ladungsgewichtes auf die Ladefläche. Die Kraft die hier beschrieben wird ist die Gewichtskraft oder auch FG genannt.

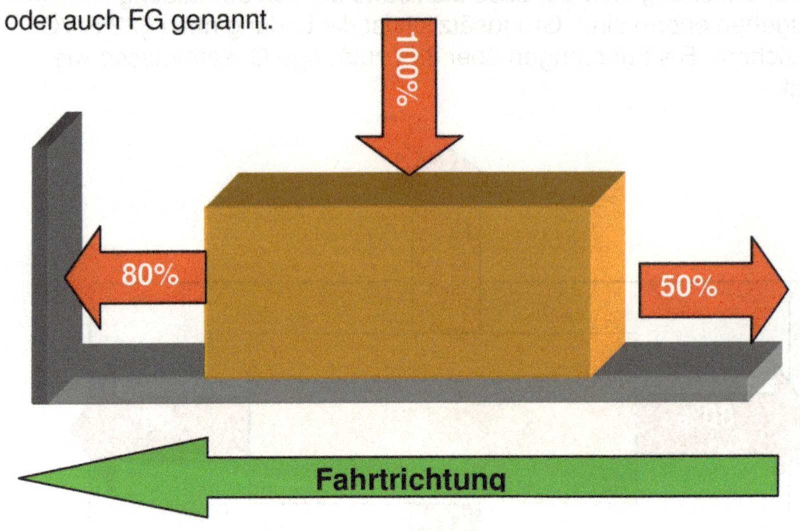

Quelle:dgv

Um solche Unfälle zu verhindern ist es unumgänglich sich mit dem Thema Physik in der Ladungssicherung zu arbeiten. Bei diesem Unfall zeigte die Physik was möglich ist.

3.1.1 Gewichtskraft

Die Gewichtskraft ist die Kraft, mit der eine Masse aufgrund der Erdanziehungskraft auf die Ladefläche wirkt. Die Masse kann ein Gut oder eine Ladung sein.

Die Ladung oder das Gut wird normal in der Regel auf dem Frachtbrief in kg oder t angegeben dies ist in der Ladungssicherung nicht der Fall, sondern wird als DekaNewton (daN) ausgegeben.

Die Gewichtskraft setzt sich aus der Masse x Erdbeschleunigung zusammen.

Gewichtskraft= Masse x Erdbeschleunigung

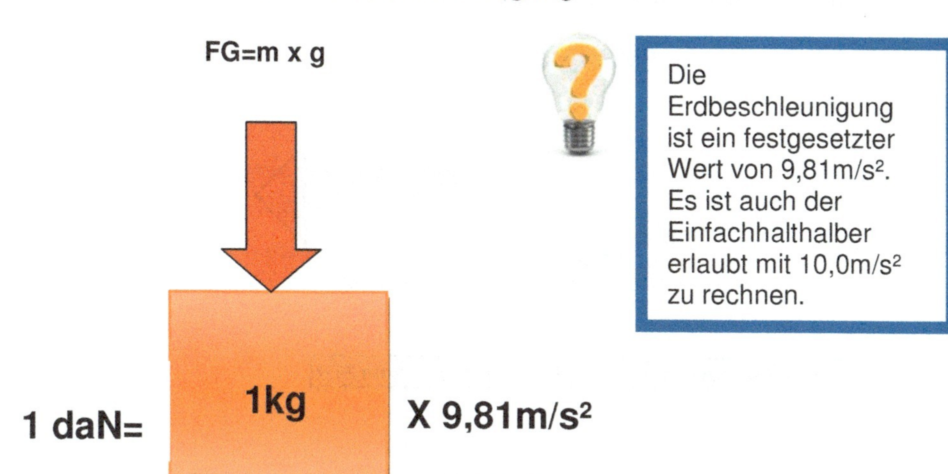

Im Umkehrschluss heißt das nichts anderes als das 1kg Masse = 1daN entspricht.

3.1.2 Massenkraft

Die Massenkraft nennt man auch „Trägheitskraft“ oder „Fliehkraft“. Sie wiedersetzt sich dem Bestreben der Masse, Gutes oder der Ladung seinen Bewegungszustand zu ändern. Die Masse hat immer das Bestreben in dem Bewegungszustand zu bleiben wo sie sich gerade befindet (z.B. mit 60km/h geradeaus). Möchte man den Bewegungszustand dieser Masse ändern, so muss man eine bestimmte Kraft aufbringen, diese Kraft wird in der Ladungssicherung von dem Fahrzeugaufbau oder auch von den Zurrmitteln aufgebracht.

Massenkraft= Masse x Beschleunigung

FM=m x a

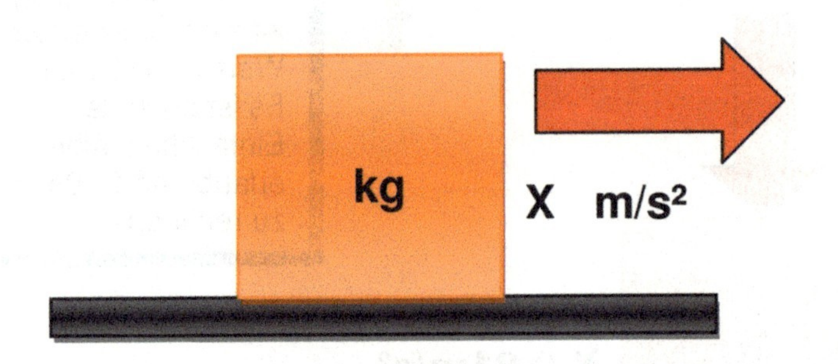

In der Ladungssicherung stellt die Massenkraft das größte Problem dar.

3.1.3 Sicherungskraft

Die Sicherungskraft ist die Kraft, die vom Fahrzeugaufbau oder auch von den Sicherungsmitteln oder Hilfsmitteln aufgenommen werden muss. Dabei soll die Ladung in der Position gehalten, wenn sie durch die Massenkraft auf der Ladefläche ins Rutschen kommt.

Die Sicherungskraft muss von den eingesetzten Sicherungsmitteln und Hilfsmitteln aufgebracht werden. Sie errechnet sich aus der Massenkraft minus der Reibungskraft.

Sicherungskraft= Massenkraft- Reibungskraft

FS= FM - FR

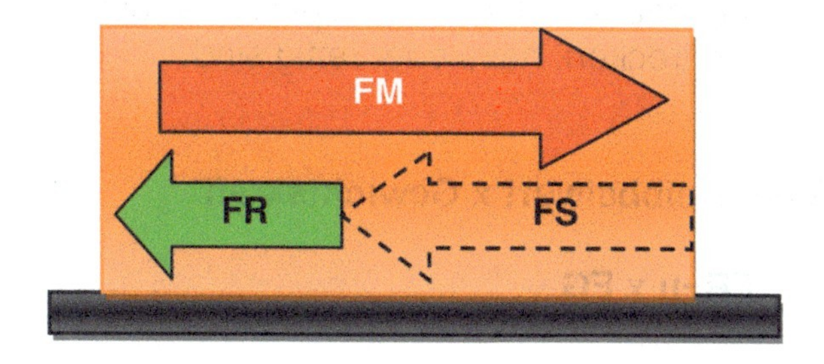

Die Massenkraft (FM) bewirkt, dass die Ladung bei der Beschleunigung nach hinten rutscht. Diesem Bewegungswillen setzt sich die Reibungskraft (FR). Die Reibungskraft reicht nicht aus um die Ladung an der Stelle zu halten. Um dieses Ziel zu erreichen nimmt man sich die Sicherungskraft (FS) zur Hilfe.

Dies können sämtliche Ladungssicherungsmittel oder Hilfsmittel sein.

3.2.1 Reibungskraft

Die Reibungskraft ist für die Ladungssicherung eine positive Kraft die bei einer Ladungsverschiebung entgegen wirkt. Da kein Material absolut Glatt ist und jede Oberfläche Vertiefungen und Erhöhungen hat, die nicht unbedingt sofort erkennbar sein müssen.
Je Rauer eine Oberfläche ist desto größer ist der Wiederstand bei der Ladungsverschiebung entgegen gesetzt wird und desto stärker wirkt die Reibungskraft. Wenn eine Ladung oder ein Gut die Ladefläche berührt gehen diese eine Mikroverbindung (Verzahnung) ein, die je Rauer die beiden Oberflächen sind stärker ausfällt.

Entscheidend für die Reibungskraft ist der Gleit-Reibbeiwert in Mü ausgedrückt. Dieser hängt nur von der Beschaffenheit der beiden Oberflächen ab, und nicht von der Auflagefläche oder vom Gewicht der Ladung oder des Gutes. Es spielt aber eine Rolle ob die Oberflächen trocken, nass oder fettig sind.

Reibungskraft= Gleit- Reibbeiwert x Gewichtskraft

FR=µ x FG

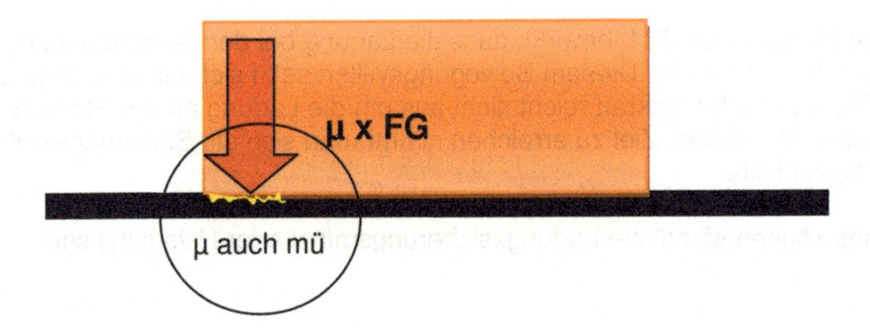

Grundsätzlich unterscheidet man zwischen Haftreibung und Gleitreibung.

Definition Haftreibung
Wenn man eine Ladung oder ein Gut über die Ladefläche ziehen möchte, dann muss man eine größere Kraft aufbringen um die Ladung oder das Gut in Bewegung zu setzen.
Diese Wiederstandkraft die es zu überwinden gilt ist die Haftreibung.

Definition Gleitreibung
Wenn sich eine Ladung oder ein Gut sich schon in der Bewegung befindet so ist eine geringere kraft nötig um diese Ladung oder das Gut in dieser Bewegung zu halten, diese Wiederstandkraft wird auch Gleitreibung genannt.

Die Ladung kann auf Grund von Fahrzeugschwingungen in einen Schwebezustand kommen welche die Haftreibung außer Kraft setzt. Dies berücksichtigen sowohl die VDI 2700 als auch die DIN EN 12195-1:2004 aber nur für die Gleitreibung. Die neue DIN EN 12195-1:2010 (DIN EN 12195-1:2011) unterscheidet nicht mehr zwischen Haft und Gleitreibung. Die neue DIN EN 12195-1:2011 wurde in Deutschland nur vorbehaltlich bekannt gegeben.

Die Kontrollbehörden haben eine Anweisung nur nach VDI 2700 und der DIN EN 12195-1:2004 zu kontrollieren. Diese Anweisung kann über kurz oder lang auch wegfallen, da im Unterabschnitt 7.5.7.1 ADR bei der Ladungssicherung direkter Bezug zur DIN EN 12195-1:2011 genommen worden ist.

3.2.2 Tabelle Gleitreibbeiwerte

Tabelle zur Bestimmung der Reibungszahl μ an Gütern.

Reibpaarung		VDI 2700 DIN EN 12195-1:2004
Ladefläche	**Ladungsträger/Ladegut**	
Sperrholz, melaminharzbeschichtet, glatte Oberfläche	Europalette (Holz)	**0,20**
	Kunststoffpalette (PP)	**0,20**
	Gitterboxpalette (Stahl)	**0,25**
Sperrholz, melaminharzbeschichtet, Siebstruktur	Europalette (Holz)	**0,25**
	Kunststoffpalette (PP)	**0,25**
	Gitterboxpalette (Stahl)	**0,25**
Aluminiumträger in der Ladefläche-Lochschienen	Europalette (Holz)	**0,25**
	Kunststoffpalette (PP)	**0,35**
	Gitterboxpalette (Stahl)	**0,25**

Praxisbezogene Tabelle der Gleitreibbeiwerte

Gleitreibzahl μ	trocken	nass	fettig/ölig
Holz/Holz	0,20-0,50	0,20-0,25	0,05-0,15
Metall/Holz	0,20-0,50	0,20-0,25	0,02-0,10
Metall/Metall	0,10-0,25	0,10-0,20	0,01-0,10
Beton/Holz	0,30-0,60	0,30-0,50	0,10-0,20

Tabelle der Reibwerte nach der neuen Norm

Diese Werte gelten nur bei Besenreiner und Frost, Schnee und Eis freien Ladefläche.

Horizontale Materialpaarung	Reibbeiwert nach DIN EN 12195-1:2011
Schnittholz- Schichtholz/Sperrholz	**0,45**
Schnittholz- geriffeltes Aluminium	**0,40**
Schnittholz- Schrumpffolie	**0,30**
Schnittholz- Stahlblech	**0,30**
Hobelholz- Schichtholz/Sperrholz	**0,30**
Hobelholz - geriffeltes Aluminium	**0,25**
Hobelholz- Stahlblech	**0,20**

Kunststoffpalette- Schichtholz/Sperrholz	**0,20**
Kunststoffpalette- geriffeltes Aluminium	**0,15**
Kunststoffpalette- Stahlblech	**0,15**
Stahlkiste- Schichtholz/Sperrholz	**0,45**
Stahlkiste- geriffeltes Aluminium	**0,30**
Stahlkiste- Stahlblech	**0,20**
Rauer Beton- Schnittholzplatten	**0,70**
Glatter Beton- Schnittholzplatten	**0,55**
Gummi	**0,60**

3.2.3 Antirutschmatten als Hilfsmittel

Die rutschhemmenden Materialien (RHM) oder auch bekannt als „anti Rutschmatten" können unter bestimmten Umständen die Reibbeiwerte deutlich erhöhen um einen besseren halt der Ladung oder des gute zu gewährleisten. Diese Matten legt man zwischen Ladung und Ladefläche aus oder auch Zwischen den Ladungssegmenten selber z.B. bei stapelbarer Ladung.

Quelle: berleberger

Quelle: dolezych

Quelle: ladungssicherung.de

Die Rutschhemmenden Matten, gibt es für die verschiedensten Ansprüche auch in verschiedenen dicken. Je nach Einsatzart oder Ladegut muss man sich bei den Herstellern erkundigen welche Matten in welchen Dicken für die Ladung angemessen wären.
In der Praxis erwiesen sich die 8mm dicken Matten als nützlich.
Die RHM neigen zur „Seifigkeit" wenn die Matten zusammengepresst werden bei einer hohen Druckbeanspruchung.

Die Rutschhemmenden Materialien können nur Ihren Zweck erfüllen wenn die Ladefläche *Besenrein* ist. Ein Besen gehört zur Standartausrüstung eines jeden Fahrzeuges.

Beispiel:
Geht man von einem Ladungsgewicht von 1.000daN aus, und einem Gleitreibbeiwert von 0,20µ, was einer Reibungskraft von 200daN entspricht (FR=FG x µD) dann kommt man auf folgendes Ergebnis raus.

Formel:
F=FG x Cx

Massenkraft in Fahrtrichtung
F= 1.000daN x 0,8
F= 800daN

Reibungskraft und Sicherungskraft
FR=FG x µD
FR=1.000daN x 0,20
FR=200daN

FSv= F – FR
FSv= 800daN – 200daN
FSv= 600daN

Um sich das Rechnen zu vereinfachen kann man auch eine andere Formel wählen.

FS= FG x(Cxy - µD)
FS= 1.000daN x(0,8 - 0,20)
FS= 1.000daN x 0,6
FS= 600daN

Es müssten 600daN mit zusätzlichen Mitteln gesichert werden.

Reibungskraft und Sicherungskraft mit RHM
FR=FG x µD
FR=1.000daN x 0,60
FR=600daN

FSv= F – FR
FSv= 800daN – 600daN
FSv= 200daN

Vereinfachte Formel
FS= FG x(Cxy - µD)
FS= 1.000daN x(0,8 - 0,60)
FS= 1.000daN x 0,2
FS= 200daN

Im Vergleich sieht man, dass durch den Einsatz von RHM nur 200daN zusätzlich Gesichert werden müssten. Im Gegensatz zu der vorherigen Rechnung ohne RHM man 600daN zusätzlich sichern hätte müssen.

Der reine Einsatz von RHM ersetzt nicht die Ladungssicherung an sich. Es ist darauf zu achten das durch Schwingungen oder Vibrationen sich die Reibungskraft verringert kann. Es müssen auch unter Einsatz von RHM Ladungssicherungsmaßnahmen getroffen werden.

3.3.1 Bestimmung des Schwerpunktes (Einzelladung)

Bei Einzelladungen ist es in der Regel einfach den Schwerpunkt zu bestimmen im Gegensatz zum Gesamtschwerpunkt. Im Idealfall, was aber sehr selten in der Regel vorkommt, ist die Ladung oder das Gut wo davon auszugehen ist das der Schwerpunkt sich nicht mittig der Ladung oder des Gutes befindet mit einem Schwerpunkt Markierung versehen.

Quelle: preisauszeichner-shop

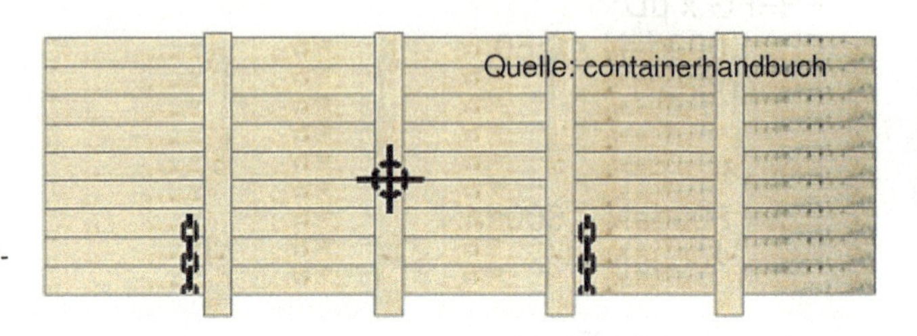

Quelle: containerhandbuch

Der Schwerpunkt einer Ladung oder eines Gutes sollte immer am tiefsten Punkt liegen um als Standfest zu gelten. He höher der Schwerpunkt ist desto Kippgefährdender ist ein Gut.

3.3.2 Einfluss des Gesamtschwerpunktes

Problematisch wird es bei unterschiedlichen Ladungen oder Gütern den Schwerpunkt zu bestimmen. Zu Ermitteln gilt der Gesamtschwerpunkt (Sges). Bei Palettierter Ware liegt der Schwerpunkt in der Regel in der Mitte der Euro-Palette. Wenn man davon ausgeht das man diese quer an die Stirnwand ansetzt zum Laden dann liegt der Schwerpunkt bei 0,40m, bei der anschließenden 1,20m und danach 2,00m und so weiter. Um den Gesamtschwerpunkt zu bestimmen nutzt man folgende Formel.

$$Sges = \frac{FG1 \; x \; L1 + FG2 \; x \; L2 + FG3 \; x \; L3 + FG4 \; x \; L4}{FG1 + FG2 + FG3 + FG4}$$

Sollte sich die Massenkraft des errechneten Gesamtschwerpunktes nicht innerhalb der lastverteilungskurve liegen, so ist entweder die Vorderachse oder die hinter Achse oder Achsen überlastet.

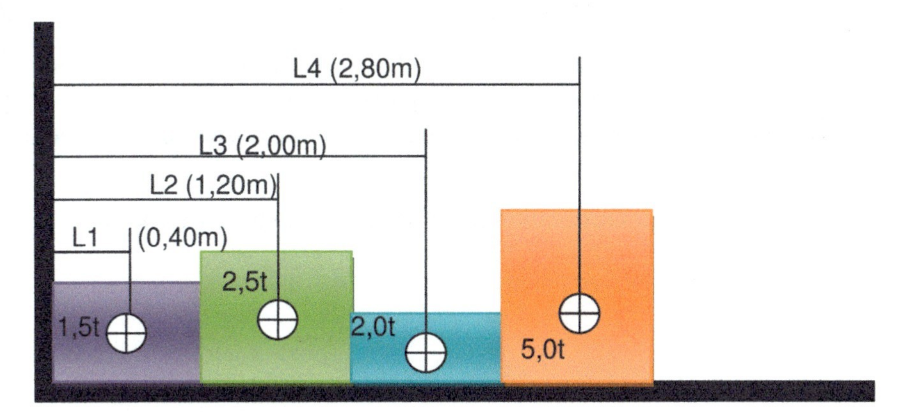

Beispielrechnung

$$\mathrm{Sges} = \frac{1,5 \; x \; 0,40 + 2,5 \; x \; 1,20 + 2,0 \; x \; 2,00 + 5,0 \; x2,80}{1,5 + 2,5 + 2,0 + 5,0}$$

$$\mathrm{Sges} = \frac{0,6 \; + 3,0 + 4,0 + 14}{1,5 + 2,5 + 2,0 + 5,0}$$

$$\mathrm{Sges} = \frac{21,60}{11}$$

$$\underline{\mathrm{Sges} = 1,96\mathrm{m}}$$

Der Gesamtladungsschwerpunkt liegt bei 1,96m von der Stirnwand entfernt.

4.1.1 Nutzlast

Bekannt ist das die in den Fahrzeugpapieren zu entnehmende zulässige Nutzlast die maximalste Last ist mit der ein Fahrzeug beladen werden darf. Die Nutzlast errechnet sich aus der zulässigen Gesamtmasse minus der Masse die sich im Betrieb befindet „Leermasse“.

Die zulässige Gesamtmasse findet man in der Zulassungsbescheinigung Teil 1 im Feld „F.2“.

Die Masse die sich im Betrieb befindet „Leermasse“ findet man in der Zulassungsbescheinigung Teil 1 im Feld „G“.

Also kurz gesagt: **Nutzlast= zulässige Gesamtmasse – Leermasse**

Zulassungsbescheinigung Teil I
(Fahrzeugschein)

Europäische Gemeinschaft (D) Bundesrepublik Deutschland

09.08.2013

12.05.99 0005 650 0014
01 0200
8
-
3/CG
-
-
-
316I
BAYER.MOT.WERKE-BMW
PERSONENKRAFTWAGEN
GESCHLOSSEN
-
SCHADSTOFFARM D4
Benzin
0001 0432 1895

2 01 77 /5300 190
4210 1698
1378 1250
- -
183 1635 1635
815 925 -
815 925 -
76 - 74
1250 600 5 -
185/65R15 88H
185/65R15 88H
-
9/-
e1*93/81*0017*07
04.11.98 K

ZU 18-20:L.4303 U.H.1393*ZU F.1/F.2:1665 U.ZU 7.1-8.3:
H.1000 B.ANHBETR.*ZU O.1:1400 BIS 8PROZ.STEIG.*WW.AHK
LT.EGTG/ABE*

Beim rechteckigen Aufbau wird das Nutzvolumen wie folgt berechnet:

Formel	Größen
V=L x B x H	L= Länge B= Breite H= Höhe

Zylindrischer oder halbrunder Aufbau

Formel	Größen
$V = L \times {}^{1}/_{4} \times D^2 \times \pi$	L= Länge D= Durchmesser Pi= gerundete Kreiskonstante (3,14)

4.1.2 LVP LKW

Aus einem Lastverteilungsplan (LVP) kann man raus lesen, wo sich der Ladungsschwerpunkt befinden muss um eine optimale Lastverteilung meines LKW oder Anhängers zu garantieren. Gleichzeitig kann man darauf ab lesen wo sich die Ladung befinden muss damit der Schwerpunkt auch innerhalb der Lastverteilungskurve befindet. Sollte die Ladung oder das Gut sich außerhalb der Lastverteilungskurve liegen ist die Vordere- oder hintere Achse überlastet und kann zu erheblichen Technischen Schäden führen.

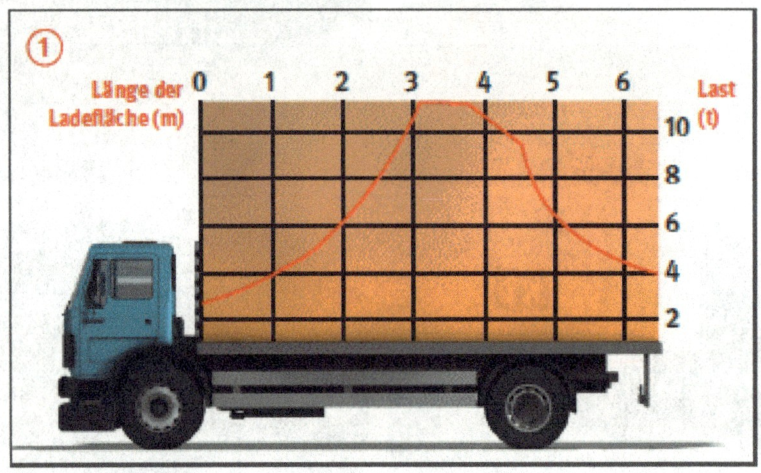

Quelle:bgbau-medien.de

Die höchste Lastaufnahme eines Kraftfahrzeuges ist immer kurz vor der Hinterachse. Dieses sehen sie in der oben gezeigten Abbildung. Als Berufskraftfahrer tragen Sie die Verantwortung für sich, anderen Verkehrsteilnehmern und auch für das Fahrzeug selber.

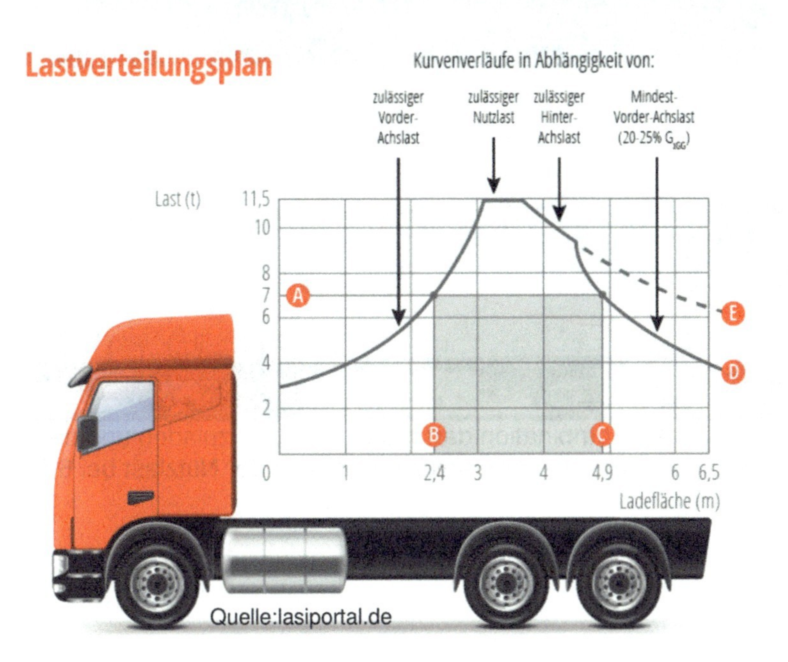

Legende	
A	Ladung mit 7t Eigengewicht
B	Anfang des Ladungsschwerpunkt Bereiches
C	Ende des Ladungsschwerpunkt Bereiches
D	Hinter Achslast mit Einbezug der Vorderachslast
E	Hinter Achslast ohne Einbezug der Vorderachslast

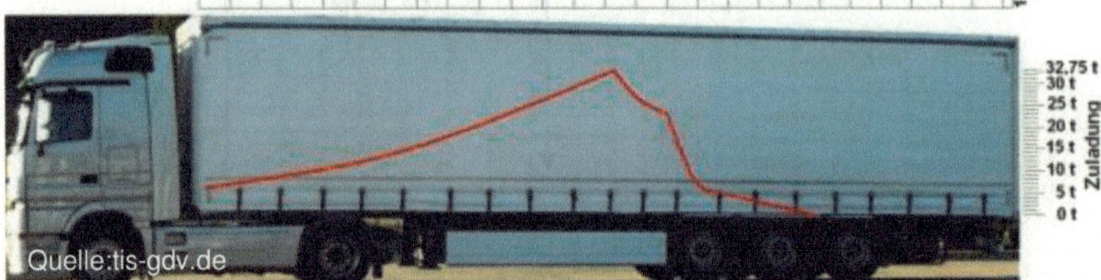

Diese Fahrzeugkombination darf maximal 32,75t zuladen und der Schwerpunkt muss bei maximaler Ausreizung der Nutzlast bei 6,5m liegen.

Diese Fahrzeugkombination darf maximal 28,00t zuladen und der Schwerpunkt muss bei maximaler Ausreizung der Nutzlast zwischen 6,0m und 7,0m liegen.

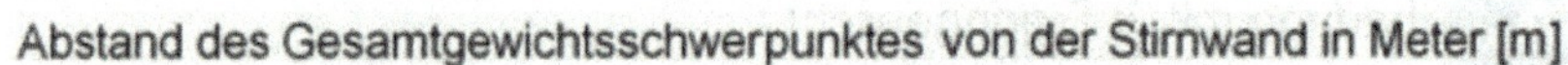

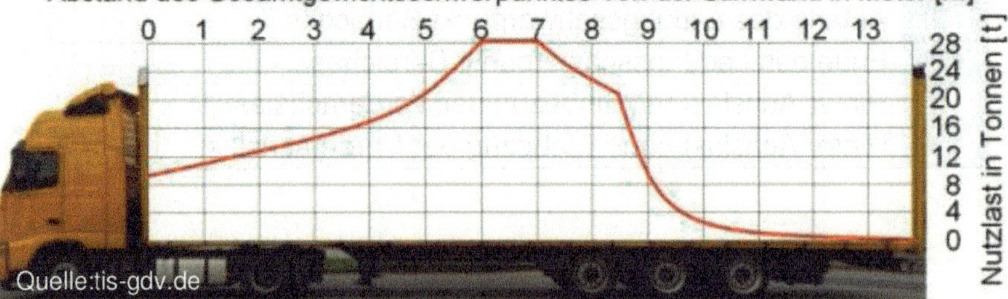

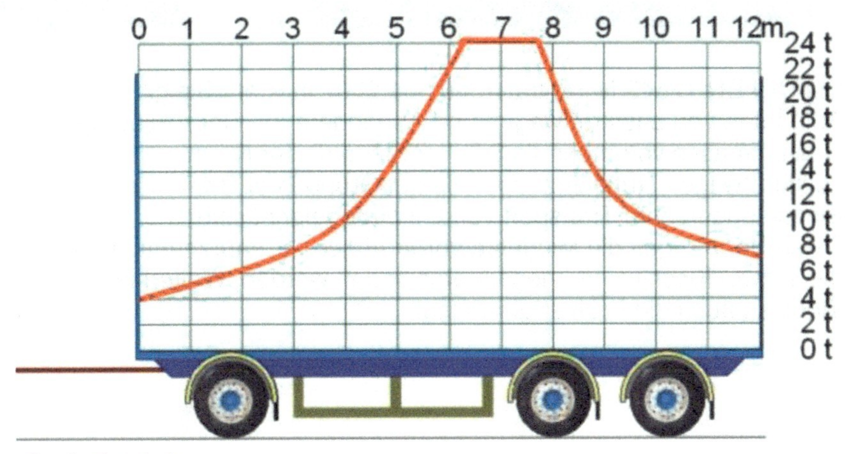

Quelle:tis-gdv.de

Es ist anhand der letzten Bilder zu erkennen, dass der Lastverteilungsplan nicht immer gleich sein muss. Es spielen viele Faktoren eine Rolle bei der Erstellung eines Lastverteilungsplanes. Zu den Faktoren gehören zusätzliche Anbauteile wie z.B. Ladekran.

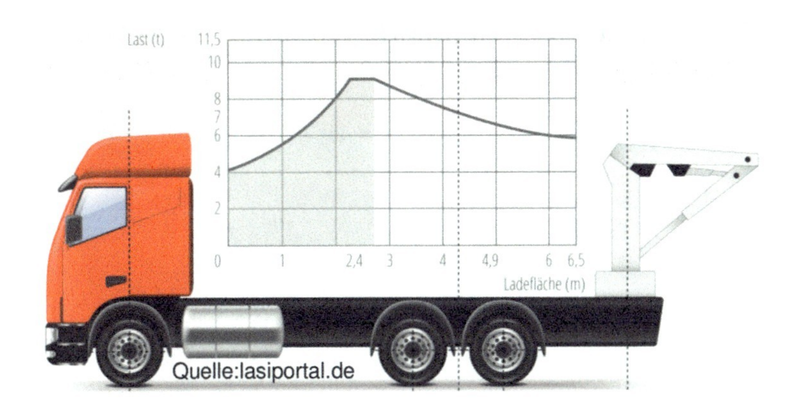

Quelle:lasiportal.de

4.2.1 Auszug aus der DIN EN 12642

Die DIN EN 12642 Norm trat am 01.01.2007 in Kraft. Sie gilt für Aufbauten von Lastkraftwagen und Anhängern mit einer zulässigen Gesamtmasse von mehr als 3,5t. Im Sinne dieser Norm sind Lastkraftwagen Nutzfahrzeuge, die auf Grund ihrer Bauweise und Einrichtungen zum Transport von Gütern geeignet sind.
Diese Norm regelt die Mindestanforderungen für Fahrzeugaufbauten die in zwei Klassifizierungen unterschieden werden. Weiterhin legt sie für diese auch die Prüfverfahren fest.

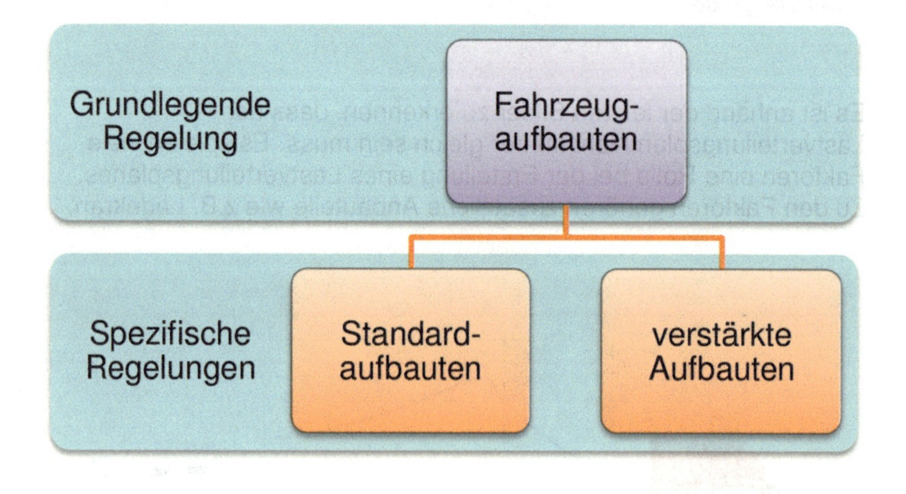

4.2.2 Belastbarkeit nach DIN EN 12642 Code L

Die Anforderung an die Standartaufbauten werden in der DIN EN 12642 unter Ziffer 5.2 geregelt. Darin stehen nur die Mindestanforderungen für das Anforderungsprofil des „Code L“.

Sicherheit und Gesundheit in der Warenlogistik - Fachtagung 2012

Sattelanhänger

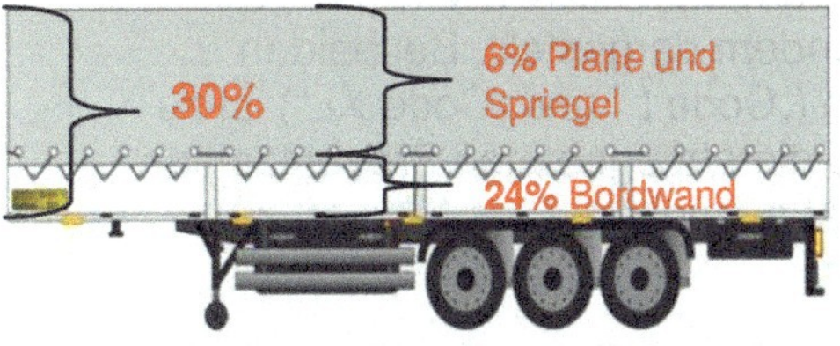

Plane-Spriegel (Hamburger Verdeck)

Curtainsider (Schiebeplanenaufbau)

Kofferaufbau

Anhänger

Drehschemelanhänger

Starrdeichselanhänger

© by P.Eckhoff

Die Anforderungen für die Standard Aufbauten sind gering gehalten. Es ist davon auszugehen dass immer eine zusätzliche Ladungssicherung erforderlich ist.

4.2.3 Belastbarkeit nach DIN EN 12642 Code XL

Die Mindestanforderungen an Fahrzeugaufbauten für die Zertifizierung nach DIN EN 12642 „Code XL" sind in im folgendem dargestellt. Bei beiden Zertifizierungen („Code L" und „Code XL") ist zu beachten, dass die angegebenen Prozentzahlen immer von der jeweiligen Nutzlast ausgehen. Dies führt oft zu Verwechslungen bei den Fahrern.

Bei der Prüfung der Aufbauten nach „Code XL" wird die komplette Länge und Breite des Aufbaus geprüft und bis ¾ der Aufbauhöhe geprüft. Mindestens jedoch müssen 1600mm der Höhe die Kräfte aushalten. Anders als beim „Code L" gibt es keine maximalen Prüfkräfte.

Die Stirnwand eines nach „Code XL" Zertifizierten Aufbaues nach DIN EN 12642 hält fünfzig Prozent von der Nutzlast aus. Die Seitenwände halten vierzig Prozent und die Rückwand dreißig Prozent aus.

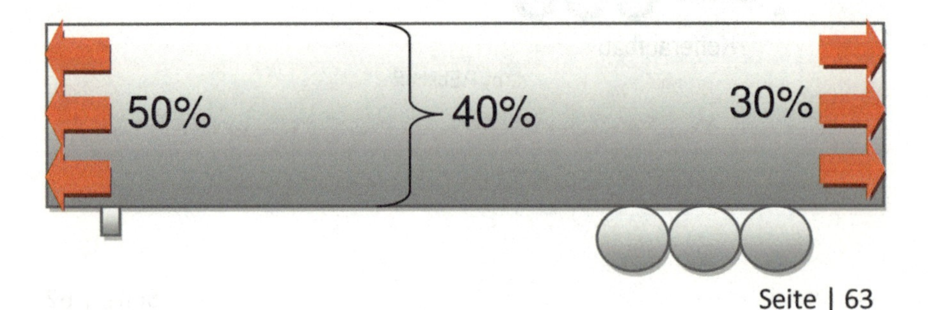

4.3 Zurrpunkte

Oft sind die Kräfte die der Aufbau oder die Reibungskraft Aufbringen nicht hoch genug um die Ladung an ihren Platz zu halten. Bei solchen Fällen muss man zusätzliche Sicherungsmaßnahmen treffen, häufig ist ein Verkeilen oder festsetzen nicht möglich. Um aber dennoch die nötige Sicherungskraft aufbringen zu können sind zurrpunkte notwendig um dieses Ziel zu erreichen.

Die DGUV Vorschrift 70, alt BVG D29 regelt dies klar im §22 Abs. 1 der Verhütungsvorschriften.

§22 Abs. 1 DGUV Vorschrift 70

> **„Pritschenaufbauten…müssen mit Verankerungen für Zurrmitteln zur Ladungssicherung ausgerüstet sein.“**

Fahrzeuge die über einen z.B. Pritschen aufbau verfügen und eine zulässige Gesamtmasse unter 3,5t haben, sollten nach DIN 75410-1:2003 hergestellt werden.
Wenn dies der Fall ist, dann müssen pro Seite mindestens zwei Zurrpunkte, bei einer Länge der Ladefläche bis 2,20m. Ab einer Ladeflächenlänge von mehr als 2,20m müssen je Seite drei Zurrpunkte vorhanden zu sein.

Bei Lastkraftwagen und Anhängern mit Pritschenaufbauten die eine zulässige Gesamtmasse von mehr als 3,5t haben, müssen die Zurrpunkte nach DIN EN 12640:2001-1 abgeordnet sein.

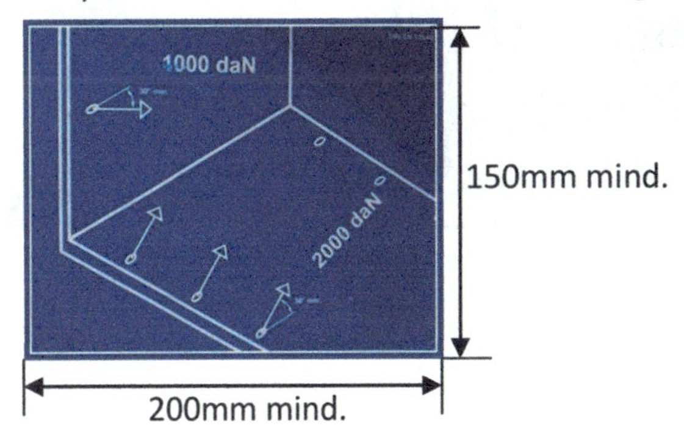

Die oben gezeigte Abbildung ist eine Kennzeichnung von Zurrpunkten nach DIN EN 12640:2001-1 für Fahrzeuge mit mehr als 12t zGM.

Fahrzeugtyp	Normen	Zulässige Gesamtmasse (zGM)	Zulässige Zugkraft (Lc)
Kastenwagen	DIN 75410-3:2004	2,0t-5,0t	>500daN
	DIN ISO 27956:2011	5,0t-7,5t	>800daN
Pritsche, Anhänger	DIN EN 12640:2001	3,5t-7,5t	>800daN
LKW	DIN EN 12640:2001	3,5t-7,5t	>800daN
		7,5t-12t	>1000daN
		>12t	>2000daN

Es ist ersichtlich, dass die Anforderungen an die jeweiligen Fahrzeugaufbauten und Gewichtsklassen unterschiedlich sind. Es besteht keine generelle Kennzeichnungspflicht der Zurrpunkte. Jedoch ist die Belastung eines Zurrpunktes in der Bedienungsanleitung des Herstellers nachzulesen.

Unternehmer sollten sich im Vorfeld über die Belastbarkeit der zurrpunkte informieren, um ungewollte Einschränkungen aus dem Weg zu gehen. Des Weiteren sollte der Unternehmer sich Informieren ob die Zurrpunkte nach DIN bzw. DIN EN ausreichen für seine geplanten Transporte.

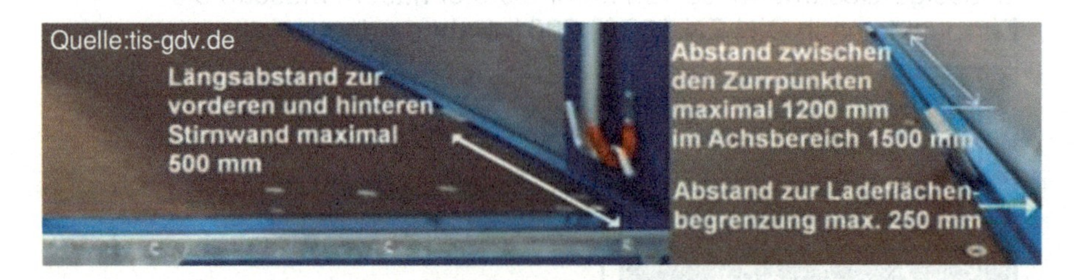

4.3.1 Berechnung Anzahl der Felder

Die Anzahl der Felder ergibt sich aus der Länge der Ladefläche und der Abstand zu den Stirnwänden vorne und hinten dabei spielt noch der Abstand zwei gegenüberliegender Zurrpunkte eine Rolle.

Bei der Grundberechnung rechnet man nicht die direkte Anzahl der Zurrpunkte aus, sonder die vorhandenen Felder. Diese Felder bilden die Wissensgrundlage um die tatsächliche Anzahl der Zurrpunkte zu errechnen.

Wenn man davon ausgeht die durchschnittliche Ladelänge beträgt 13620mm. Die Abstände von der Stirnwand nach vorn und hinten entsprechen genau der Norm DIN EN 12640.

Berechnung der Felder

$$\text{Anzahl Felder} = \frac{\text{Ladelänge} - \text{Abstand zu den Seiten vorn und hinten}}{\text{Abstand zwischen zwei beachtbarten Zurrpunkten}}$$

$$\text{Anzahl Felder} = \frac{13620\text{mm} - 500\text{mm} - 500\text{mm}}{1200\text{mm}}$$

$$\text{Anzahl Felder} = \frac{12620\text{mm}}{1200\text{mm}}$$

$$\underline{\underline{\textbf{Anzahl Felder} = \textbf{10,52 Felder}}}$$

Bei dem Ergebnis ist zu beachten das immer aufgerundet wird egal wie groß die Nachkomma stelle ist. Auf diesem Auflieger sind demnach 11 Felder vorhanden.

4.3.1 Berechnung Anzahl der Zurrpunkte

Die Berechnung der Zurrpunkte errechnet aus der technisch möglichen Nutzlast und dem vorgegeben LC Wert.
Der LC Wert gibt die mindest Belastbarkeit eines Zurrpunktes an, die abhängig von der zulässigen Gesamtmasse ist.

In der folgenden Tabelle sind die Belastbarkeiten der einzelnen Zurrpunkte für die einzelnen Gewichtsklassen ablesbar.

Zulässige Zurrkraft und Anzahl von Zurrpunkten nach DIN 12640		
Zulässige Gesamtmasse	LC	Anzahl **n** der Zurrpunkte
>3,5t <7,5t	8kn=800daN	$n = \frac{1{,}5 \text{ x NutzlastP [kN]}}{8 \text{ [kN]}}$
>7,5t <12,0t	10kn=1000daN	$n = \frac{1{,}5 \text{ x NutzlastP [kN]}}{10 \text{ [kN]}}$
>12,0t	20kn=2000daN	$n = \frac{1{,}5 \text{ x NutzlastP [kN]}}{20 \text{ [kN]}}$
Stirnwand	10kn=1000daN	Siehe Text

Die DIN EN 12640 fordert an der Stirnwand mindestens zwei Zurrpunkte in einer Höhe von 1000mm +- 200mm symmetrisch. Diese müssen eine Zugkraft (LC) von 10 kN oder 1000daN aushalten. Dabei soll der Querabstand möglichst klein sein, darf aber nicht größer als 250mm sein.

Wenn man von einer technisch möglichen Gesamtmasse von 39t ausgeht und einer technisch möglichen Nutzlast P von 32,500t, bei einem Sattelauflieger. Da die zulässige Gesamtmasse dieses Aufliegers größer als 12t beträgt muss der zurrpunkt eine mindest Zugkraft von 20kN oder 2000daN aushalten. Bei der Belastungsprüfung eine Zurrpunktes wird mit dem 1,25 fachen der zulässigen Zugkraft für die Dauer von 3 Minuten geprüft.

Die angegebene technisch mögliche Nutzlast muss in eine für die Rechnung verwertbare Einheit (kN) umgerechnet werden.

Umrechnung der Nutzlast

Nutzlast P= 32,500t x 9,81m/s²

Nutzlast P= 318825N

Das Ergebnis was in Newton (N) angegeben ist muss im zweiten Schritt zu Kilonewton (kN) umgerechnet werden.

Nutzlast P= 318825N : 1000

Nutzlast P= 318,825kN

Berechnung der Anzahl der Zurrpunkte

$$n = \frac{1{,}5 \text{ x Nutzlast P [kN]}}{20 \text{ kN}}$$

$$n = \frac{1{,}5 \text{ x } 318{,}825\text{kN}}{20 \text{ kN}}$$

$$n = \frac{478{,}24\text{kN}}{20 \text{ kN}}$$

$$\underline{n = 23{,}912}$$

Dieser errechnete Wert von 23,912 wird auf die nächste gerade zahl aufgerundet, in diesem Fall auf 24. Nach der Berechnung muss dieses Fahrzeug auf jeder Seite mit 12 Zurrpunkten ausgestattet sein.

5.1 Zurrmittel

Zurrmittel müssen laut der VDI 2700 Blatt 2:2014 den anerkannten Regeln der Technik entsprechen damit diese Zurrmittel für die Ladungssicherung eingesetzt werden dürfen.
Das heißt die Zurrmittel müssen folgenden Normen entsprechen:

Normen für Zurrmittel	
DIN EN 12195-2	Zurrgurte aus Chemiefasern
DIN EN 12195-3	Zurrketten
DIN EN 12195-4	Zurrdrahtseile

Zurrmittel sind nicht zum Heben oder senken geeignet, dies ist auch verboten. Vor dem verwenden von Zurrmitteln ist darauf zu achten das das Gut ohne Sicherungen standfest ist und die Abladenden nicht durch herabfallende Ladungsteile gefährdet oder verletzt werden.

5.1.1 Zurrgurte

Bei den Zurrgurten handelt es sich aus synthetischen Fasern die zu einem Gurtband gefertigt wurden. Überwiegend werden Gurte aus Polyester (PES) verwendet.

Folgende weitere Materialien gibt es

Material	Etikett Farbe
Polyamid (PA)	
Polyester (PES)	
Polypropylen (PP)	

Beständigkeit	PA	PES	PP
Hitze	o	+	o
Säuren	-	+	+
Laugen	+	-	+
Benzindämpfe, Öle	+	+	+
Verrottung	+	+	+

+=gute Beständigkeit o=mittlere Beständigkeit - =schlechte Beständigkeit

Zurrgurte werden nicht nur unterscheiden von der Art des Materials aus welchen Sie bestehen, sondern man unterscheidet grundsätzlich zwischen zwei Kategorien von Zurrgurten.

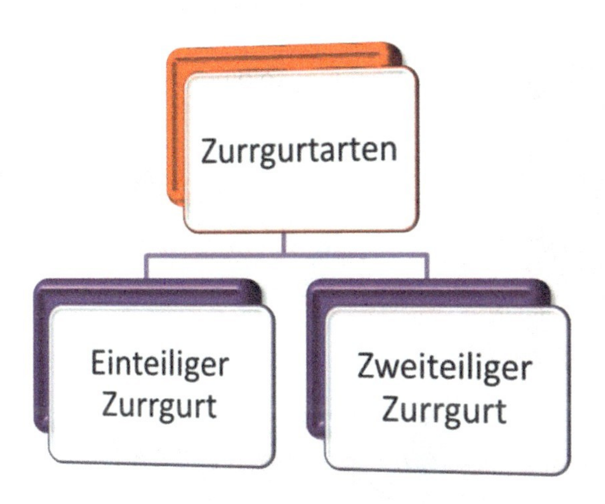

Einteilige Zurrgurte
Ein Gurt der nur aus dem textilem Gurtbandbesteht und einem Spannelement („Ratsche“) mit oder ohne einem Verbindungselement („Haken“) besteht.

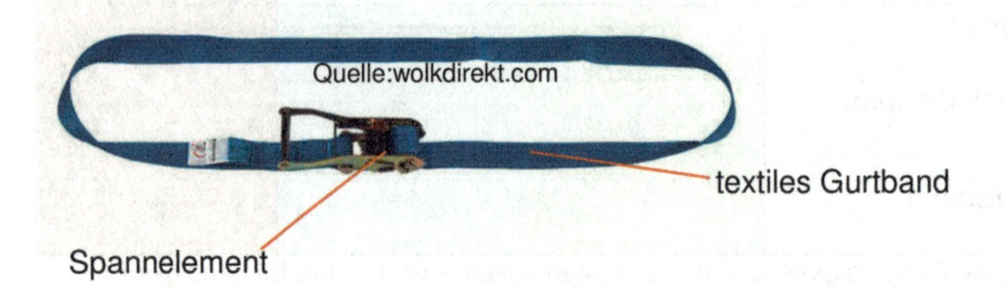

Zweiteilige Zurrgurte
Diese Zurrgurte bestehen aus zwei textilen Gurtbändern (Fest-Losende), das Festende ist mit einem Spannelement ausgerüstet, beide enden jeweils mit einem Verbindungselement („Haken“).

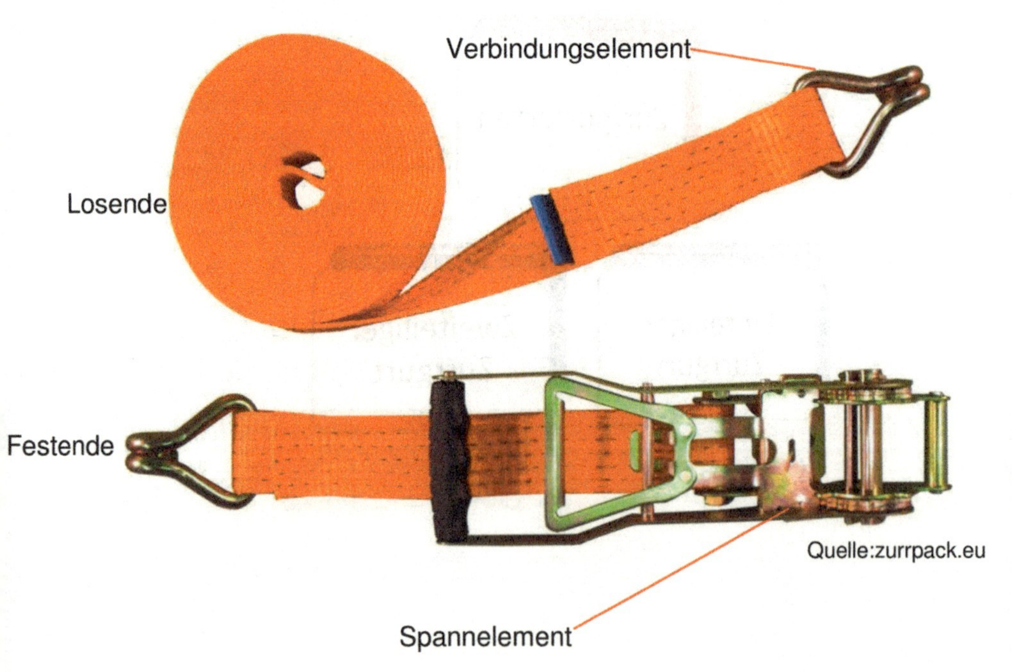

Zurrgurte müssen laut DIN EN 12195-2 mit einem Etikett und den nachfolgenden Angaben versehen sein. Dies gilt sowohl für komplette Zurrgurt-Einheiten als auch für Untereinheiten wie z.B. ein zweiteiliges Zurrgurt-System.

Pflichtangaben auf einem Zurrgurtetikett

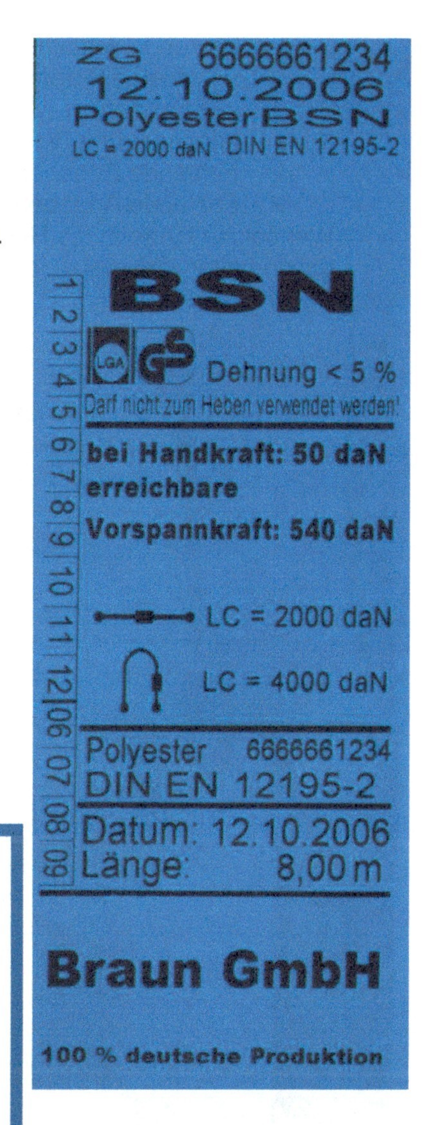

- Zurrkraft (LC) in daN, das ist die Höchstkraft für die ein Zurrgurt im geraden Zug ausgelegt ist.
- Länge (LG) bei einem einteiligen Gurt. Bei einem zweiteiligem Gurtsystem jeweils die m Angabe beim Festende (LGF) und beim Losende (LGL).
- Normale Handspannkraft (SHF) 50daN
- STF in daN, ist die verbleibende Kraft nach loslassen des Spannelementes. Diese Kraftwurde mit der normalen Handspannkraft aufgebracht.
- Warnhinweis „Darf nicht zum Heben verwendet werden!")
- Gurtmaterial z.B. PES für Polyester
- Name oder Logo des Herstellers
- Rückverfolgungscode des Herstellers
- Europäische Norm d.h. EN 12195-2
- Herstellungsjahr
- Dehnung des Gurtes in Prozent beim geraden Zug (LC)

Es ist möglich das weitere LC Angaben auf einem Spannelement oder einem Verbindungselement stehen. Diese Angaben sind nur für die Ersatzteilzuordnung maßgebend. **Die LC Angabe auf dem Etikett ist maßgebend!** Da immer vom schwächsten Bestanteil ausgegangen werden muss.

Es kommt immer häufiger vor das sich Plagiate von Zurrgurten auf den Markt kommen. Diese Plagiate können nur einen Bruchteil der Kräfte aushalten wie sie auf dem Etikett aufgedruckt sind. Solche Plagiate sind meistens sehr leicht erkennbar.

- Fehlende Angaben auf dem Etikett
- Angaben auf dem Etikett die augenscheinlich nicht zum Gurt selber passen
- Minderwertige Verarbeitung des Gurtes
- Fehlende Angaben auch den Verbindungselementen (Haken)
- Fehlende Angaben auf den Spannelementen (Ratsche)

Wer solche Gurte in die Hand bekommt sollte umgehend Abstand davon halten diese auch bei der Ladungssicherung zu verwenden.

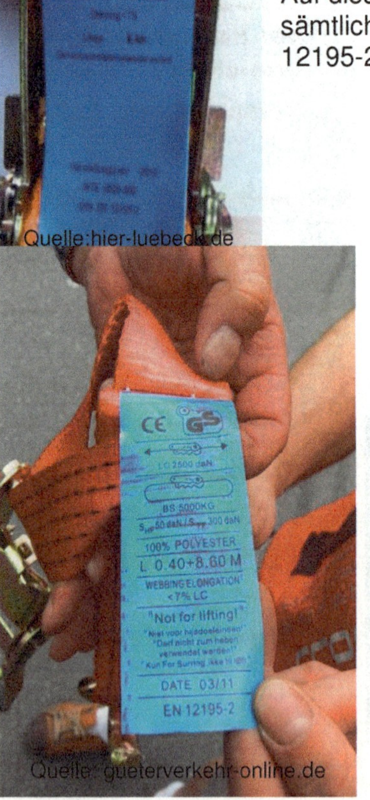

Quelle:hier-luebeck.de

Quelle: gueterverkehr-online.de

Auf diesem Etikett fehlen sämtliche nach DIN EN 12195-2 angaben.

Auf diesem Etikett steht ein LC Wert von 5000kg drauf.

Dies ist nicht gestattet sondern diese Angaben haben in daN auf dem Etikett zu stehen.

Handhabung und Verwendung

Es gibt kaum Unterschiede bei den Herstellern bei der Benutzung der Ratschen. Jeder Hersteller hat natürlich seine eigenen Verarbeitungen und Ratschentypen z.B.
Spannset: Ergo ABS, Spannfix, Ergo Master
Dolezych: Do Zurr ,DoMulti, Do Multi mit DoMess2
Bei diesen speziellen Spannelementen sollte man immer die Bedienungsanleitung zu Rate ziehen, da es bei diesen Modellen andere Vorrichtungen zum Spannen und lösen des Gurtes gibt.

Zurrgurte dürfen nicht zusammengeknotet werden!

Es ist Verboten Zurrgurte zusammen zu knoten weder als Reparaturmaßnahme noch als Verlängerung.

Die Festigkeit bei den Zusammengeknoteten Zurrgurten verringert sich beim Spannen um 70%. Zudem ist die Dehnung betroffen die sich durch das zusammenknoten vergrößert. Die DIN EN 12195-2 schreibt eine maximale Dehnung von 7% vor. Im Klartext heißt das, dass die Verbleibenden 30% auch nicht bewirken durch die zu hohe Dehnung.

Die Konsequenz ist: „Der Gurt merkt erst das die Ladung oder das Gut Kippen möchte wenn es zu spät ist."

Klassische Fehler:
Dabei handelt es sich um „klassische" Fehler die zur Beschädigung von Ratschen und/oder Haken führen können:

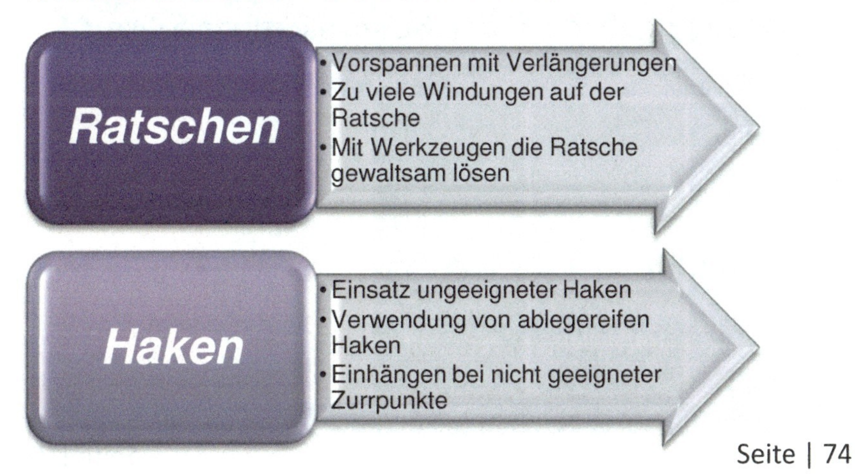

5.1.2 Zurrketten

Zurrketten sind nach DIN EN 12195-3 zu fertigen. Sie bestehen grundsätzlich immer aus: Rundstahlkette, den Spannelement, Haken und Kettenverkürzungselement zur Grobländeneinstellung der Zurrketten.

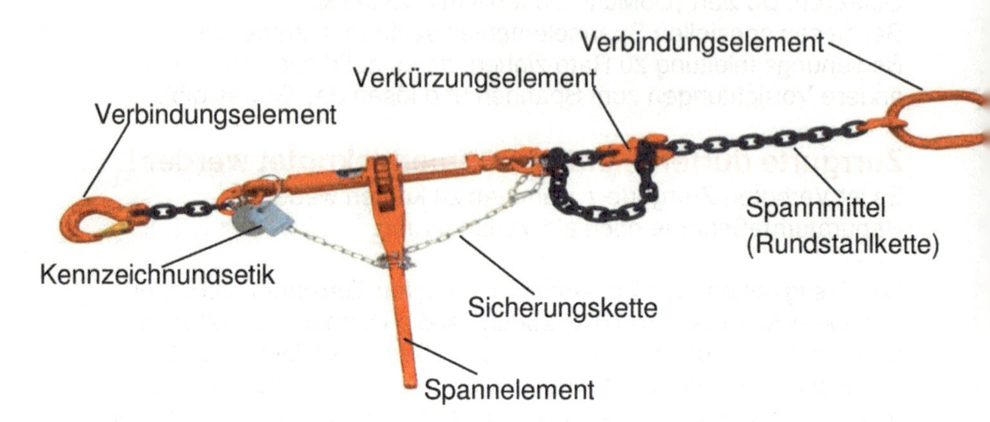

Die Rundstahlketten sind müssen nach DIN EN 818-2 mindestens der Güteklasse 8 (GK8) entsprechen. Auf den Kennzeichnungsanhängern müssen mit folgenden Daten der Zurrkette versehen sein:

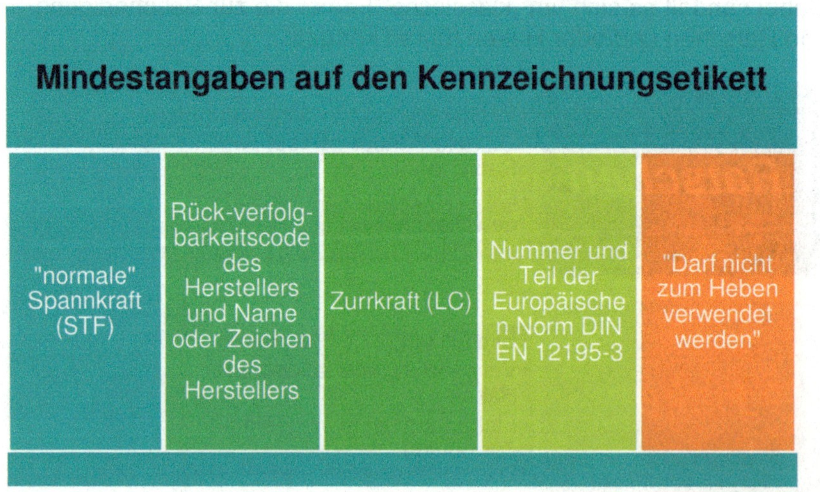

Kennzeichnungsanhänger für Zurrketten können auch als Prüfmittel verwendet werden dazu um die Ablegereife einer Zurrkette zu bestimmen. Dabei können die Kennzeichnungsanhänger verschiedenförmig sein, dennoch lassen sich mit allen diesen Kennzeichnungsanhängern die Selben Prüfungen vorgenommen werden.

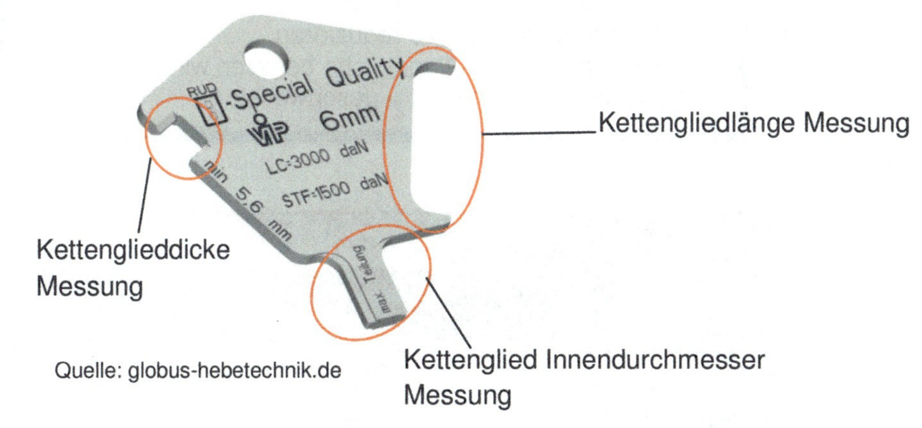

Quelle: globus-hebetechnik.de

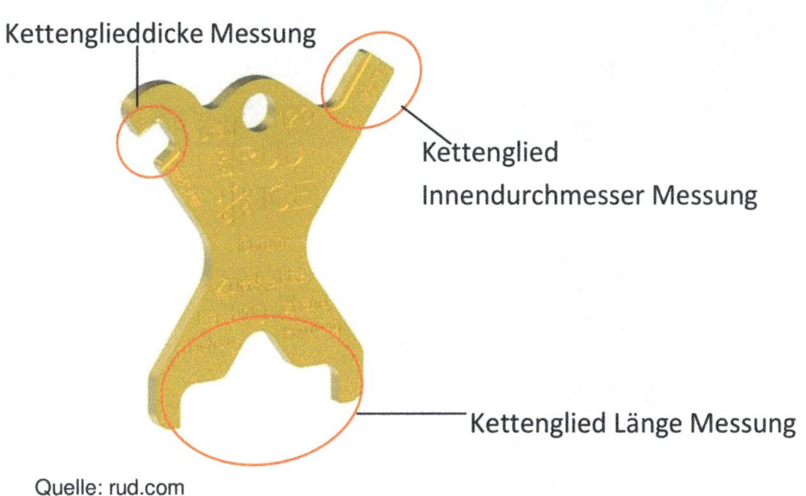

Quelle: rud.com

Zurrketten werden in der Regel für Schwertransporte verwendet und aus diesem Bereich nicht mehr weg zu denken. Desweiteren werden Zurrketten auch bei Holztransporten und Betonfertigteilen bevorzugt verwendet. Es ist auch zu empfehlen Zurrketten bei dem Transport von selbstfahrenden Arbeitsmaschinen zu verwenden.

Haken die zur Verkürzung der Spannkette dienen, müssen eine Auflage besitzen um die Dehnung der einzelnen Rundstahlkettenglieder zu reduzieren.
Wenn Haken keine Auflagefläche besitzen wird die Kettenfestigkeit um ca. 20% geschwächt.

Quelle: baumagazin.eu

Quelle: braun-sis.de

5.1.3 Zurrdrahtseile

Zurrdrahtseile werden in der Regel in Verbindung mit fest am Fahrzeug angebrachten Zurrwinden verwendet. Zum Spannen bzw. als Spannelement werde Spannwinden und Mehrzweck- Kettenzüge verwendet. Auch an Zurrdrahtseilen sind Kennzeichnungsanhänger vorhanden sein.

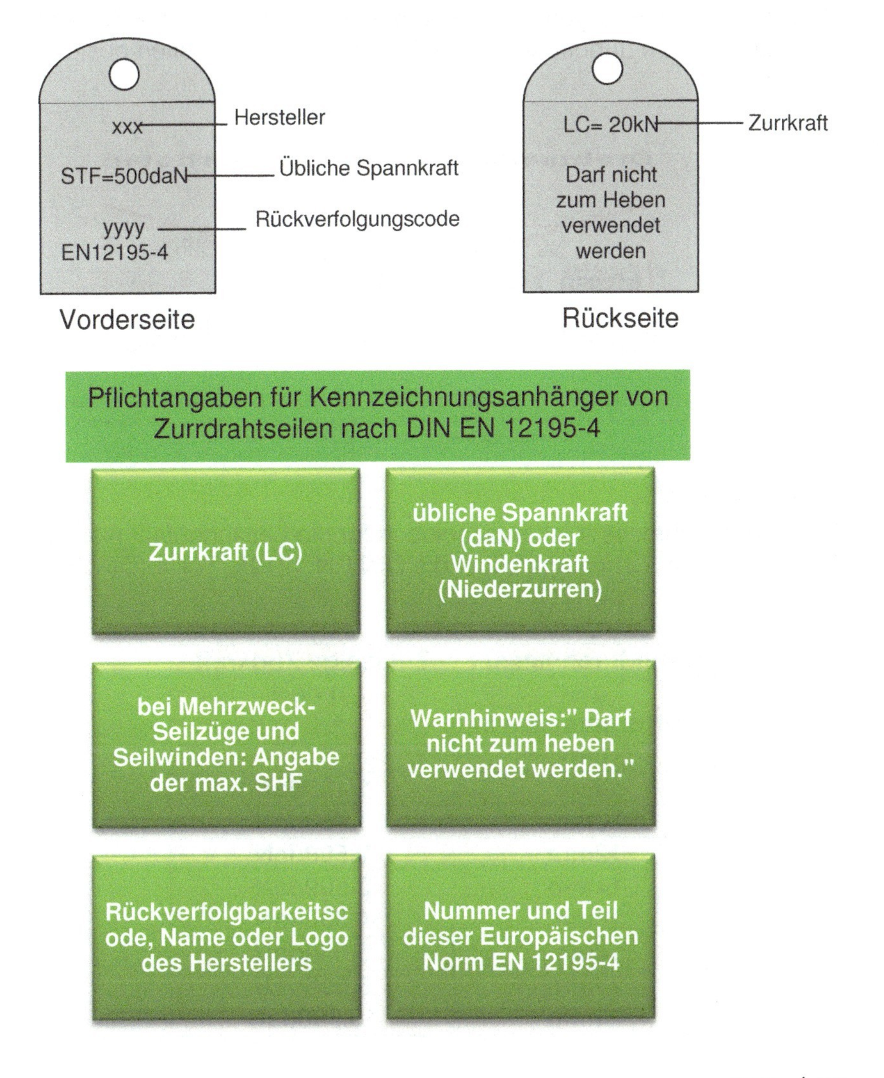

Quelle: ladungssicherung.de

Zurrwinden sind nach der UVV „Winden, Hub- und Zuggeräte“ mit einer Rückschlagsicherung auszurüsten, sofern diese Zurrwinden einen Handbetrieb voraussetzen. Im Klartext heißt das, dass Kurbel oder Handräder unter Belastung nicht mehr als 15cm zurückschlagen darf. Zudem müssen abnehmbare Kurbeln und Hebel gegen unbeabsichtigtes Abziehen oder Abgleiten gesichert werden.

Drahtseilklemmen sind verboten

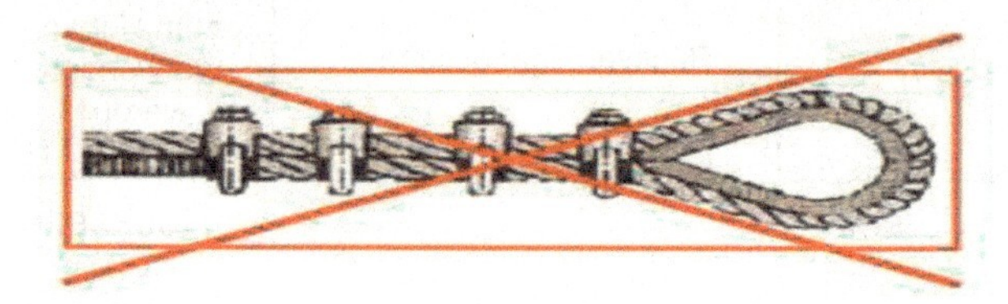

Die Benutzung von Drahtseilklemmen (auch Schraubklemmen oder Frösche genannt) zur Herstellung von Endverbindungen in der Ladungssicherung ist verboten.

Quelle: tis-gdv.de

Der Nenndurchmesser ist entscheidend für die Leistungsfähigkeit von Zurrdrahtseilen. Grundlage bildet die DIN EN 12195, Teil 4 (DIN EN 12195-4).

Nenndurchmesser des Zurrdrahtseiles in mm	Zulässige Zugkraft in daN
8mm	1.120daN
10mm	1.750daN
12mm	2.500daN
14mm	3.500daN
16mm	4.500daN
18mm	5.650daN
22mm	8.500daN
24mm	10.000daN

5.1.4 Überprüfung der zurrmitteln und Zurrpunkten

Nach der VDI 2700 Blatt 3.1 sin Zurrmittel bei ihrer Verwendung auf Auffällige Mängel zu überprüfen. Sollten Mängel festgestellt werden so sind diese Zurrmittel ab zu legen, man spricht daher von der sogenannten „Ablegereife“. Die vor Ort Reparatur Möglichkeit der Ablegereifen Zurrmittel ist meisten nicht gegeben, da dieses nur von fachkundigem Personal geschehen darf.

Zurrgurte:

So gut auch die Verarbeitung der heutigen Ladungssicherungsmaterialien ist, dazu zählen auch die Zurrgurte. Diese sind dennoch Verschleißerscheinungen, die zur Ablegereife der Zurrgurte führen kann. Sollte ein Zurrgurt Ablegereif sein so ist dieser Zurrgurt nicht mehr zu verwenden.

Im folgendem wird Ihnen aufgezeigt wann ein Zurrgurt eigentlich als Ablegereif gilt.

- **Seitliche einschnitte von mehr als 10% der gesamt Gurtbreite**
- **Bei übermäßgem allgemeinem Verschleiß**
- **Bei Wärme- und Säureschäden**
- **Bei beschädigungen einer Hautptnaht**
- **Bei beschädigungen des Verbindungselementes**
- **Bei fehlendem Etikett oder unleserlichen Angaben auf dem Etikett**

Eigenständige Reparaturen an den Zurrmitteln sind nicht zulässig. Diese Reparaturarbeiten dürfen nur vom Hersteller oder vom Hersteller berechtigten fachbetrieb vorgenommen werden. Die Benutzerinformation („Betriebsanleitung") des Herstellers kann weitere Kriterien enthalten.

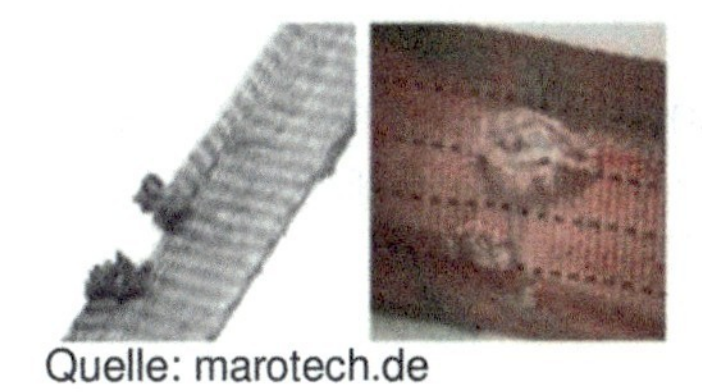
Quelle: marotech.de

Links: Seitlicher Einriss von mehr als 10% der Gesamtgurtbreite.

Rechts: Beschädigung der Hauptnaht und ein allgemeiner übermäßiger Verschleiß.

Quelle: scwler.de

Zurrgurtenden dürfen nicht zusammengeknotet werden. Dadurch ist keine ausreichende Ladungssicherung mit diesem Gurt mehr möglich. Zurrgurte dürfen auch nicht auf diese Art und Weise Verlängert werden.

Übersicht verschiedener Verschleißerscheinungen durch Benutzung oder Fremdeinwirkung

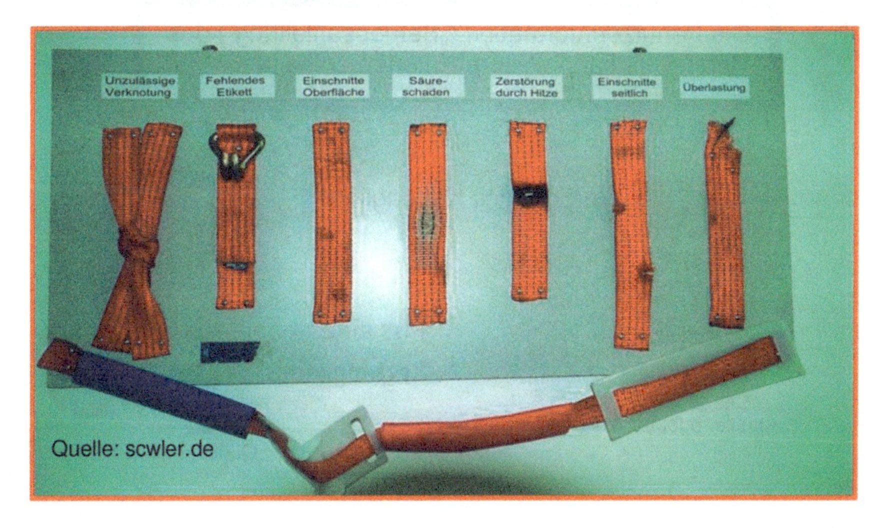

Quelle: scwler.de

Zurrketten:

Bei der Ablegereife der Zurrkette unterscheidet man unter den drei Hauptbestandteilen einer Zurrkette, der Zurrkette selber, dem Spindelspanner und der Verbindungselemente.

Ablegereife der Zurrkette

- Bleibende Verformungen, wo die Lichte breite des Kettengliedes mehr als 5% beträgt
- Verbogene oder verdrehte Ketten

Ablegereife des Spindelspanners

- Anrisse
- Kerbe
- Grobe Verformungn
- Korrision (Rost)

Ablegereife der Verbindungselemente

- Starke korrision
- Risse
- Grobe Verformungen
- Aufweitung des Hakenmauls von kehr als %5

Die Benutzerinformation („Betriebsanleitung“) des Herstellers kann weitere Kriterien enthalten.

Verbogenes Kettenglied

Quelle: bgbau-medien.de

Riss eines Kettengliedes

Quelle: bgbau-medien.de

Aufgeweitete Verbindungselemente einer Spannkette

Der rechts liegende Kettenstrang mit dem Verbindungselement muss komplett ausgetauscht werden, da due Maulaufweitung mehr als 10% beträgt

Zurrdrahtseile:

Ablegereife von Zurrdrahtseilen	Ablegereife von Spannelementen	Ablegereife von Verbindungs-elementen
• Übermäßiger Verschleiß durch Abrieb von mehr als 10% des Queschnittes • Starke Rostbildung • Drahtbruch • Knicke, Quetschungen des Seils um mehr als 15% Prozent • Starke verdrehungen • Beschädigungen einer Pressklemme bzw. Spleißes	• Grobe Verformungen der Mechanik, z.B. der Winkelwelle • Abnutzung des Queschnitts um mehr als 5% • Anzeichen von Korrosion • Risse, starke Anzeichen von Verschleiß	• Bleibende Verformungen • Aufweitung des Hakenmauls um mehr als 10% • Risse, Brüche • Erhebliche Korrosion

Die Benutzerinformation („Betriebsanleitung") des Herstellers kann weitere Kriterien enthalten.

Quelle: bgbau-medien.de

Quelle: bgbau-medien.de

Quelle: bgbau-medien.de

Drahtquetschung von mehr als 15% und Verdrehung des Zurrdrahtseiles.

Quelle: bgbau-medien.de

Starker Verschleiß durch Abreibung von mehr als 10% des Querschnittes

Zurrpunkte:
Die Zurrpunkte müssen benutzbar sein, und dürfen nicht durch Schmutz oder Beschädigung beeinträchtigt werden.

Selbsterstellte oder gebastelte Zurrpunkte sind nicht zulässig. Auch Ring- oder Augen- Schrauben sind als Zurrpunkt nicht empfehlenswert, da diese nur Querkräfte in begrenzter Form aufnehmen können.

Quelle: ladungssicherung-baustoffe.de

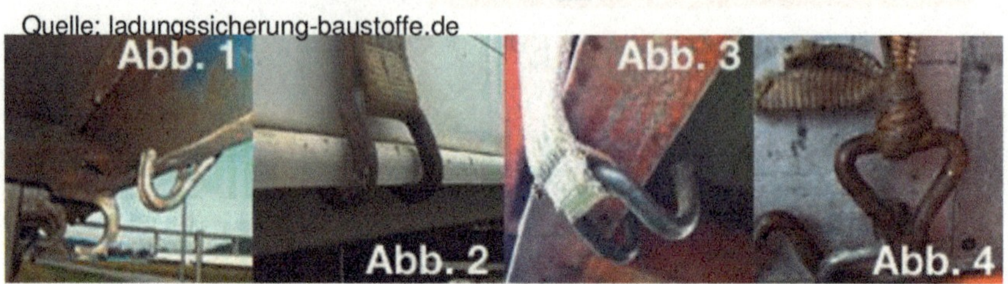

Abb.1: Zurrgurt und Zurrpunkt müssen zueinander passen. Bei dieser Variante könnte sicher der Spanngurthaken verformen oder verbiegen.
Abb. 2: Der Rahmen wird die Kräfte und die Belastungen nicht standhalten können.
Abb. 3: Das ist eine unzulässige Benutzung und das Einhacken der Zurrgurtes und des Zurrpunktes.
Abb. 4: Gurte dürfen nicht geknotet werden, dies ist unverantwortlich und auch nicht zulässig.

Hingegen sich von einigen Herstellern Sonderbauformen oder auch Zurrpunktadapter zur Ladungssicherung sehr gut eignen, da diese Sonderbauformen auch alle auftretenden Kräfte aufnehmen können wie ein fest Montierter Zurrpunkt dies könnte.

Abb.1: Seitlich angebrachte Lochschienen können als Zurrpunkt genutzt werden. Die maximale Belastung liegt bei 2000daN.
Abb.2: Innenliegende Zurrpunkte mit ebenfalls 2000daN maximal Belastung.
Abb.3: Zurrpunkt ist in der Einsteckleiste eingebaut.
Quelle: ladungssicherung-baustoffe.de

5.2 Sonstige Hilfsmittel

Um dem Fahrer die Ladungssicherung so Komfortabel und einfach wie möglich zu machen kann er sich verschiedenster Hilfsmittel bedienen. Sie lassen sich wie folgt unterteilen.

Hilfsmittel zur Ladungssicherung

festlegende Hilfsmittel	ausfüllende Hilfsmittel	Netze und Planen	sonstige Hilfsmittel

Festlegende Hilfsmittel:
Diese Art von Hilfsmittel fixieren die Ladung auf der Ladefläche oder am Fahrzeugaufbau. Sie dienen dazu die Ladung vor Kippen, Verrutschen, Umfallen, Wegrollen oder Verrollen zu sichern. Dabei muss der Fahrer sicherstellen das die festgelegten Hilfsmittel auch während des Transportes fest mit dem Fahrzeugaufbau verbunden ist.

Folgende festgelengten Hilfsmittel werden unterschieden. Die festlegenden Hilfsmittel werden in die zwei Kategorien, Systemunabhängiges Zubehör und Systemabhängiges Zubehör, unterschieden.

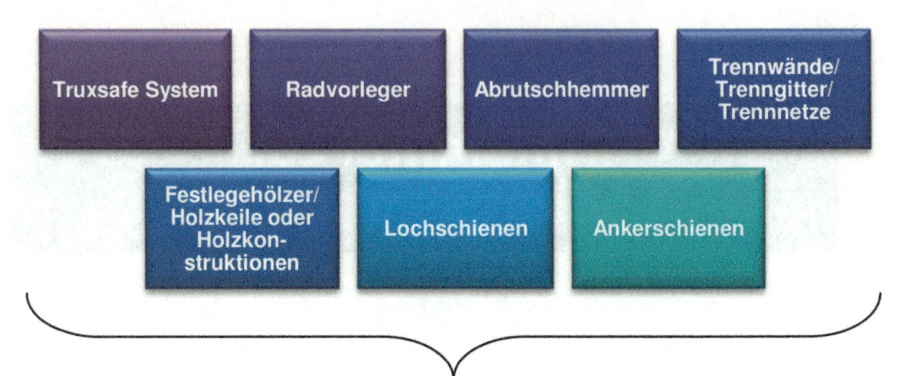

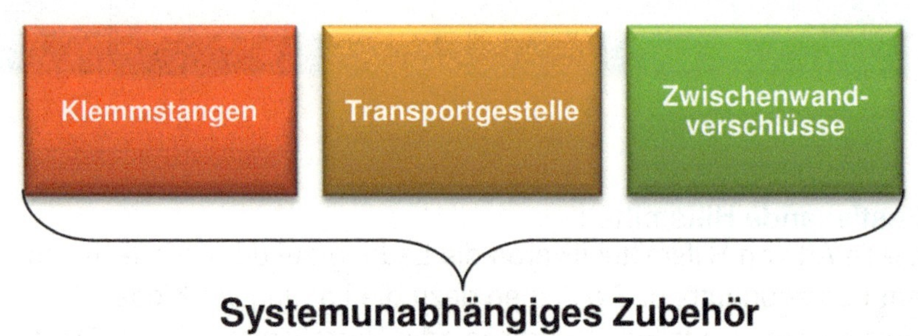

Festlegende Hilfsmittel

Lochschienen:

Lochschienen sind fest eingebaut z.B. auf der Ladefläche. Diese Lochschienen sind sehr vielseitig einsetzbar da an Ihnen Keile oder Klötzer, mittels Spindelgewinde festgesetzt werden können. So kann das Ladegut formschlüssig gesichert werden.

Quelle: m-t-logistik.de

Quelle: vogel-fahrzeugbau.de

Quelle: vogel-fahrzeugbau.de

Ankerschienen:

Ladebalken oder Sperrbalken lassen sich mittels Zapfen in die Ankerschienen einrasten. Es können auch Zurrmittel mit speziellen Verbindungselementen an den Ankerschienen befestigt werden. Sperrbalken und Ladebalken können über verschiedene Belastungsbereiche abdecken, diese sind bitte der Bedienungsanleitung oder beim Hersteller zu erfragen.

Quelle: ratioplan.eu

Quelle: wir-sind-ladungssicherung.de

Truxsafe- System:

Die Firma SpanSet hat ein System namens Truxsafe entwickelt. Damit soll der Formschluss hergestellt werden, durch die flexible Anwendungsmöglichkeit.

Quelle: spanset.de

Trennwände/ Trenngitter/ Trennnetze:

Diese Hilfsmittel trennen die Ladefläche in Abschnitte auf somit lassen sich kleinere Ladungen befestigt bzw. ein Formschluss hergestellt. Sie lassen sich ebenfalls an Ankerschienen oder Lochschienen befestigen.

Quelle: dolezych.de

Festlegehölzer, Holzteile oder Holzkonstruktionen:
Diese Hilfsmittel sollen die Bewegungen von der Ladung oder dem Gut absichern. Diese Hilfsmittel können mit dem Fahrzeugboden vernagelt werden. Bei der Vernagelung dieser Hilfsmittel ist die VDI 2700 zu beachten.

Radvorleger:

Um einen Formschluss zu den Reifen des Fahrzeugs auf einem Autotransporters herzustellen werden Radvorleger genutzt.

Quelle: ak-trailers.de.tl

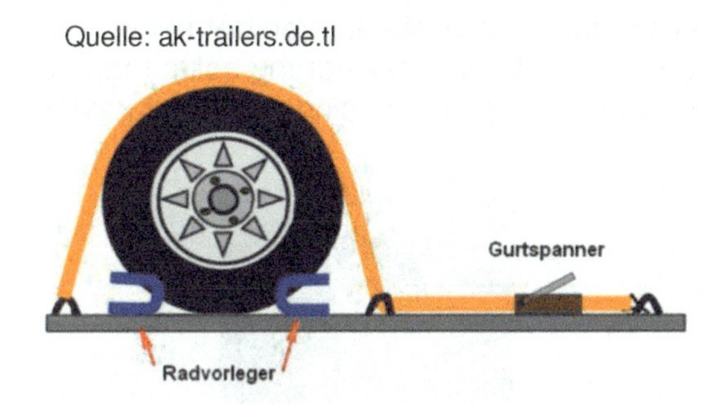

Abrutschhemmer für Autotransporte:
Rutschhemmer sind dazu da das der Gurt nicht vom Reifen rutscht. Dabei hilft er, dass die Zugkraft gleichmäßig verteilt wird.

Quelle: ak-trailers.de.tl

Abrutschhemmer

Klemmstangen:
Klemmstangen zählen, wie die folgenden Zubehörteile zu der Kategorie der Systemunabhängigen Zubehörteile. Die Klemmstangen können sehr vielseitig verwendet werden, da sie zwischen Seitenwänden oder Dach und Boden geklemmt werden können. Sie sollten nicht zur reinen Ladungssicherung genutzt werden, da die Blockierkraft gering ausfällt aufgrund weil sie nur von der reinen Reibkraft gehalten werden. Für die Ladungssicherung sollte man auf Klemmstangen die für Lochschienen geeignet sind und da einrasten können.

Quelle: klemmbalken.eu

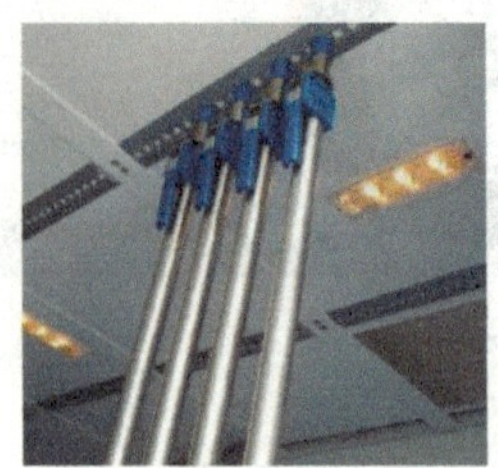
Quelle: brummionline.com

Zwischenwandverschlüsse:

Zwischenwandverschlüsse dienen nur zum reinen Festhalten der Ladung da sie keine definierten Kräfte aufnehmen können. Ihr Vorteil ist die variable Einstellung.

Quelle: marotech.de

Transportgestelle:

Sie dienen zum Transport von Ladungen oder Gütern deren Abmessungen außergewöhnlich ist, wie z.B. Gasflaschen.

Quelle: linde-gas.de

Ausfüllende Hilfsmittel

Diese Hilfsmittel sollen Lücken schließen die durch die Verladung oder Verstauung der Ladung entstanden sind. Die ausfüllenden Hilfsmittel werden unterschieden in Leerpaletten/Abstandshalter und Luftsäcke. Der Fahrer hat bei der Durchführung oder während des Transportes zu kontrollieren das die Ladung und die verwendeten Hilfsmittel noch an Ort und Stelle sind wo Sie sein sollten.

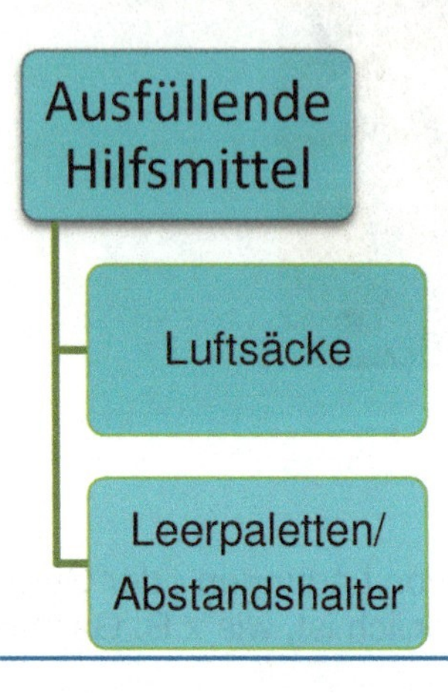

Die Leerpaletten oder auch Abstandshalter wie z.B. Kanthölzer dienen zur Ausfüllung von entstandenen Laderaum Lücken, ohne dass diese Vernagelt werden.
Die Luftsäcke können sich weites gehend sich der Konturen der Ladung anpassen. Sie sind auch als Airbags oder Stausäcke bekannt. Die Luftsäcke gibt es in verschieden Variationen und sind als einmal oder Mehrwegprodukt erhältlich.

Quelle: bw-ladungssicherung.de

Netze und Planen:

Um eine kraft- und formschlüssige Ladungssicherung herzustellen können Netze und Planen verwendet werden. Diese sind flexibel einsetzbar, dabei spielt auch die Bestandfestigkeit der Planen und Netze. Je nach belastbarkeit der Planen und Netze entscheidet auch ob leichtes oder schweres gut oder Ladung.

Quelle: spanset.de

Quelle: lindenufaber.de

Sonstige Hilfsmittel:

Kantengleiter/ Kantenschützer sind dazu da um die Ladung vor Beschädigungen zu schützen. Desweiteren dienen sie als Gurtschutz und sollen eine gleichmäßige Kraftübertragung der Zurrmaterialien auf die Ladung gewährleisten.

Dabei unterscheidet man zwischen drei Arten von Kantengleitern/ Kantenschützer:

5.3 Hinweiszeichen

Hinweiszeichen auf der Ladung zeigen bestimmte Lagerungsarten oder auch Beachtungen die im Umgang mit der Ladung oder dem Gut zu beachten sind.

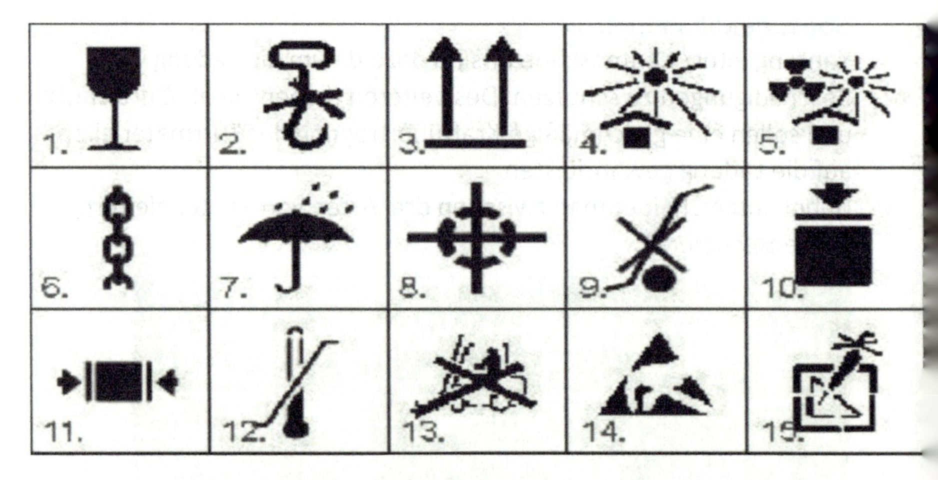

1. Zerbrechliches Gut
2. Keine Handhaken verwenden
3. Oben
4. Vor Hitze schützen

5. Vor Hitze und radioaktiver Strahlung schützen
6. Anschlag hier
7. Vor Nässe schützen
8. Schwerpunkt
9. Stechkarre hier nicht ansetzen
10. Zulässige Stapellast
11. Klammern in Pfeilrichtung
12. Zulässiger Temperaturbereich
13. Gabelstapler hier nicht ansetzen
14. Elektrostatische gefährdetes Bauelement
15. Sperrschicht nicht beschädigen

6.1.1 Niederzurren

Die am meisten verwendende Art der Ladungssicherung ist das Niederzurren. Diese Art eignet sich ideal für die Sicherung von leichten Gütern, da diese Methode sehr leicht zu Handeln ist. Das Niederzurren ist eine Kraftschlüssige Verbindung, da das Zurrmittel die Ladung oder das Gut an die Ladefläche presst, wodurch sich die Reibungskraft erhöht. Bei schweren Ladungen oder Gütern (z.B. Maschinen) eignet sich das Niederzurrverfahren nicht mehr, da der Aufwand sehr groß ist und es sich Wirtschaftlich nicht rechnet.

Beim Niederzurren wird die Ladung (Ladungsgewicht FG) mit Hilfe von einem Zurrmittel (z.B. Zurrgurt) an die Ladefläche gedrückt (FNz). Dabei spielt der Vertikale α Winkel eine sehr entscheidende Rolle. Man nennt dies eine Kraftschlüssige Ladungssicherung.

Kraftschluss besteht z.B. bei den Verbindungen Reifen und Fahrbahn, Keilriemen und Riemenrad, Bremsbelag und Bremsscheibe.

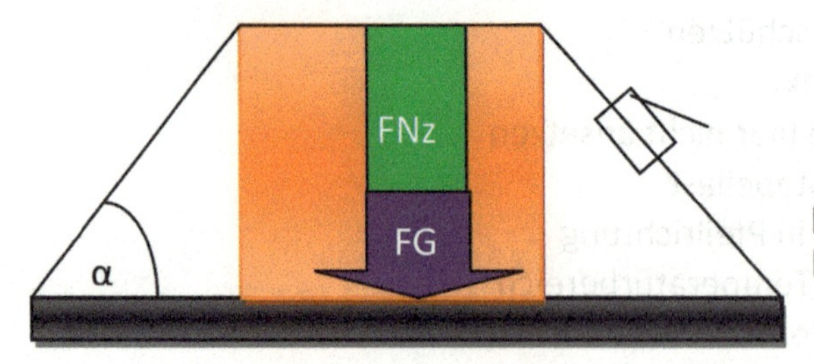

Der Winkel α ist in diesen Beispiel 55 Grad groß.

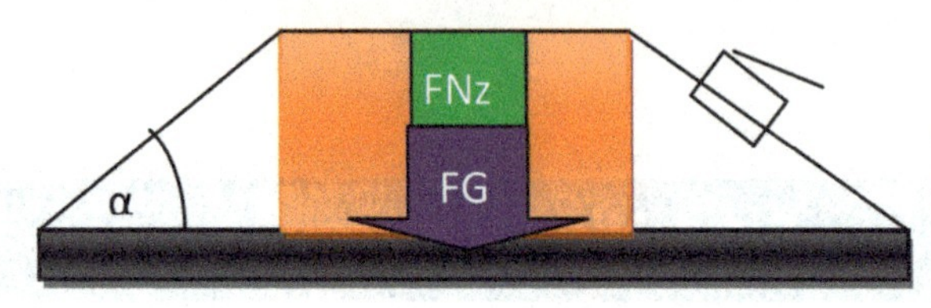

Der Winkel α ist in diesen Beispiel 30 Grad groß.

Im Umkehrschluss heißt, dass je größer der Winkel α ist desto besser ist der Kraftschluss und umso höher ist auch die Reibungskraft.
Ein Zurrwinkel von unter 30 Grad sollte vermieden werden beim Niederzurren.

Winkelgröße α in Grad	Wirkungsgrad
Unter 30 grad	Kein
31-45 grad	Gering
46-67 grad	Mittel
68-82 grad	Gut
83-90 Grad	Sehr gut

Die meisten Hersteller von Zurrmitteln bieten auch eigene Rechenscheiben, zum ermitteln der nötigen Zurrmittel, an.
Wenn man nicht im Besitz eines, solchen Rechenscheibe ist, kann man das auch selber Rechnerisch ermitteln. Dazu wird die Angabe STF (und nicht LC) benötigt, die auf dem Zurrgurtetikett aufgedruckt ist.

Man unterscheidet zwischen zwei Arten der Berechnung, dies ist in der nachfolgenden Tabelle zu sehen. Um die Anzahl der Zurrgurte zu ermitteln muss die Gesamtvorspannkraft ermittelt werden. Es gibt natürlich verschiedene Formeln und Wege die zu diesem führen.

DIN EN 12195-1:2004 VDI 2700	EN 12195-1:2010 bzw. DIN EN 12195-1:2011
$n \geq \frac{FG}{k} x \frac{(f - \mu D)}{\mu D} x \frac{1}{\sin \alpha} x \frac{1}{STF}$ alternative Formel: $n \geq \frac{FGx(f - \mu D)}{k\ (\mu\ x\ sin\alpha\ x\ STF)}$	$n \geq \frac{FGx\ (Cx, y - \mu D)}{2x\ (\mu\ x \sin \alpha\ x\ STF)} x\ fs$ Anmerkung: Für µ ist der Wert aus dem Anhang B der Norm einzusetzen und für fs ist nach vorne 1,25 und in die anderen Richtungen betrachtet 1,1 einzusetzen.

Formelverzeichnis:

Formelzeichen	Bedeutung/ Beachtung
n	Anzahl der erforderlichen Zurrmittel
FG	Gewichtskraft der Ladung (daN)
f	Beschleunigungsfaktor (vorne, Seite, hinten)
Cx	In Längsrichtung= 0,8
Cy	In Querrichtung bei kippstabiler Ladung zur Seite bzw. nach hinten=0,5
k	Übertragungswert der Kraftübertragung beim Niederzurren: 1,5 oder im praxisuntypischen Fall 2,0. Es gilt: a) k=1,5 bei Verwendung eines Zurrmittels mit nur einer Spannvorrichtung für das einzelne Zurrmittel b) k≤ 2,0 bei Verwendung eines Zurrmittels mit zwei Spannvorrichtungen je Zurrmittel, oder wenn auf der gegenüberliegende Seite der Wert bestätigt wird durch einen Vorspannanzeiger. c) k= 1,8 nach VDI 2700-2:2014 bei der Verwendung von nur einer Spannvorrichtung für das einzelne Zurrmittel.
µD	Gleitreibbeiwert
µ	Reibbeiwert (DIN EN 12195-1:2011
a	Vertikaler Winkel
STF	Normale Spannkraft des Zurrmittels was verwendet werden möchte.

Wie schon beschrieben gibt es viele Wege die an das Ziel führen. Es gibt die auch Möglichkeit erst die Gesamtvorspannkraft und danach die benötigte Anzahl der Zurrgurte zu berechnen. Dabei ist darauf zu achten wie groß der Winkel α ist. Wenn der Winkel α kleiner als 83 Grad ist hat man den sinα Wert noch einzubeziehen.

Winkel α unter 83 Grad	Winkel α über 83 Grad
$Fv = \frac{a - \mu}{\mu \, x \sin \alpha} x \, FG$	$Fv = \frac{a - \mu}{\mu} x \, FG$

Beispielrechnung:
FG=5000daN
Beschleunigungsfaktor (f)= in Fahrtrichtung 0,8
Gleitreibbeiwert (μD)=0,3
Übertragungsbeiwert (k)= 1,5
Vertikalwinkel= 67 Grad
Normale Spannkraft des zu verwendenden Zurrgurtes= 350daN

Rechnung: nach DIN EN 12195-1:2004

$$n \geq \frac{5000daN}{1{,}5} x \frac{(0{,}8 - 0{,}3)}{0{,}3} x \frac{1}{sin67°} x \frac{1}{350daN}$$
$$n \geq 3333{,}33x \; 1{,}67x \; 1{,}09x \; 0{,}0029$$
$$\underline{n \geq 17{,}59 \; \approx 18Gurte}$$

Beispielrechnung:
FG=5000daN
Beschleunigungsfaktor (f)= in Fahrtrichtung 0,8
Gleitreibbeiwert (μD)=0,3
Übertragungsbeiwert (k)= 1,5
Vertikalwinkel= 67 Grad
Normale Spannkraft des zu verwendenden Zurrgurtes= 350daN

Tabelle Einfachmethode Niederzurren

Anzahl der erforderlichen Zurrmittel

Vorspannkraft	Gewicht der Ladung in Tonnen (t) / Zurrwinkel α / Reibbeiwert μ	1 t			2 t			3 t			4 t			6 t			8 t			12 t			16 t		
		35	60	90	35	60	90	35	60	90	35	60	90	35	60	90	35	60	90	35	60	90	35	60	90
250 daN	0,3	6	4	3	12	8	7	17	12	10	23	15	13	35	23	20									
	0,6	2	2	2	2	2	2	3	2	2	5	3	3	7	5	4									
500 daN	0,3	3	2	2	6	4	3	9	6	5	12	8	7	17	12	10	23	15	13						
	0,6	2	2	2	2	2	2	2	2	2	2	2	2	3	2	2	5	3	3						
750 daN	0,3	2	2	2	4	3	2	6	4	3	8	5	4	12	8	7	15	10	9	23	15	13			
	0,6	2	2	2	2	2	2	2	2	2	2	2	2	2	2	2	3	2	2	5	3	3			
1000 daN	0,3	2	2	2	3	2	2	4	3	3	6	4	3	9	6	5	12	8	7	17	12	10	23	15	13
	0,6	2	2	2	2	2	2	2	2	2	2	2	2	2	2	2	2	2	2	3	2	2	5	3	3

Quelle: fahrzeug-elektrik.de

Diese Tabelle ist eine einfache Variante um die Anzahl der benötigten Zurrmittel zu ermitteln.

6.1.2 Direktzurren

Das Direktzurren setzt sich aus dem Schrägzurren und dem Diagonalzurren zusammen. Dabei stellen beide eine eigenständige Ladungssicherungsart dar. Als formschlüssige Ladungssicherungsmaßnahme ordnet man auch das Buchtlasching und das Kopflasching den Direktzurrverfahren zu. Das Direktzurrverfahren unterscheidet sich von dem Niederzurrverfahren elementar.

Ander als bei Niederzurrverfahren wird das Gut oder die Ladung nicht mittels Kraftschluss an die Ladefläche gepresst, sonder mittels Zurrmitteln wird die Ladung oder das Gut in Position gehalten. Dabei werden die Zurrmittel direkt mittels Verbindungselementen an dem Gut oder der Ladung und der Ladefläche verbunden. Diese Zurrmittel kommen erst zur Wirkung wenn die Ladung oder das Gut sich in Bewegung setzen möchte. Wie schon erwähnt ist das Direktzurrverfahren keine Kraftschlüssige Ladungssicherung sondern eine Formschlüssige Ladungssicherung, da die Zurrmittel als Laderaumbegrenzung dienen. Desweiteren werden die Zurrmittel im geraden Zug eingesetzt. Anders als beim Niederzurrverfahren ist beim Direktzurrverfahren da Etikett Angabe Fzul. oder LC im direktem Zug Maßgebend. Die Angaben über die Vorspannkraft des Spannelementes (z.B. Ratsche oder Spindelspanner) sind nicht maßgebend und daher auch beim Direktzurrverfahren zu missachten.

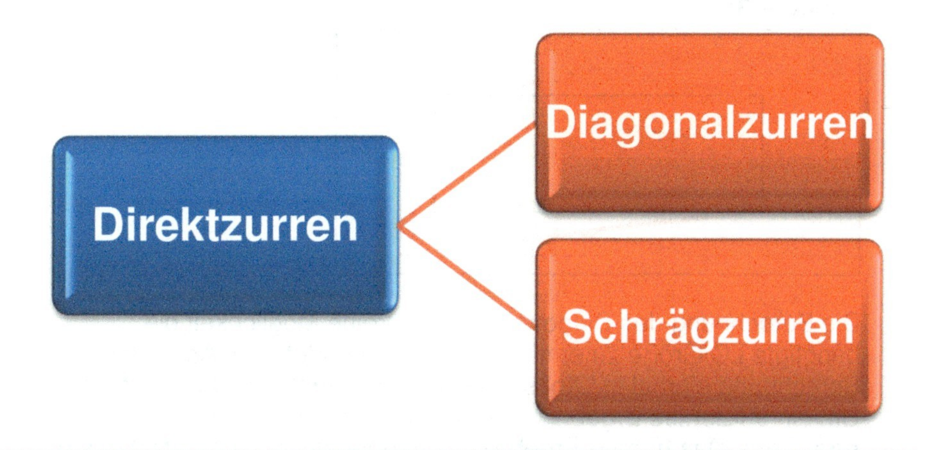

6.1.3 Diagonalzurren

Das Diagonalzurrverfahren kann auf unterschiedlichsten Arten und Varianten erfolgen. Es müssen jedoch immer vier Zurrmittel verwendet werden. Grundsätzlich unterscheidet man zwischen drei Varianten des Diagonalzurrens.

Variante 1:

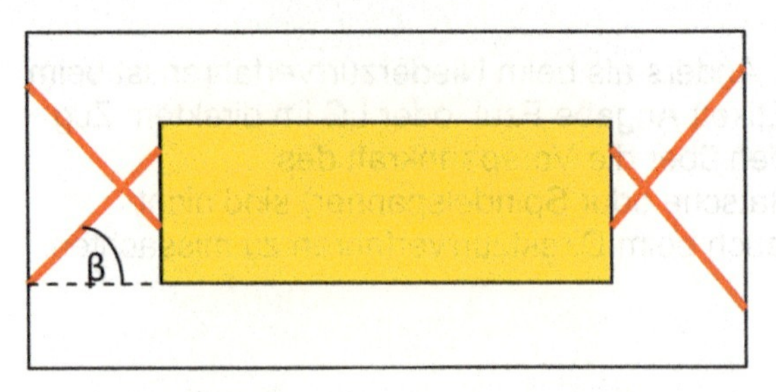

Variante 3:

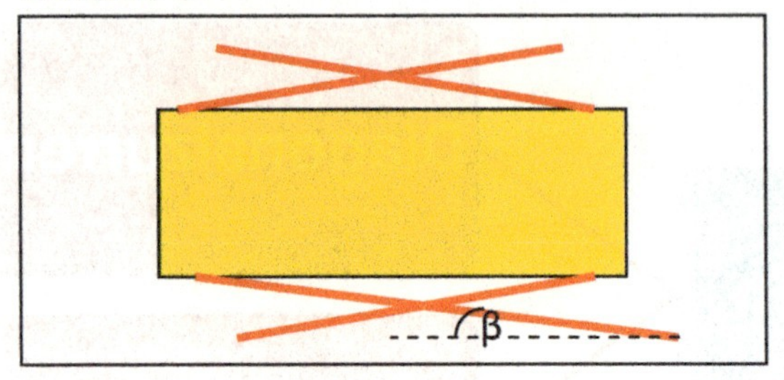

Die Berechnung des Diagonalzurrens ist eine Möglichkeit die benötigte LC Größe zu ermitteln. Man verwendet zwei Arten der Berechnung einmal in Längsrichtung und einmal und Querrichtung. Um ein effizientes Ergebnis zu erhalten muss man beide Arten errechnen. Das höhere Ergebnis ist maßgebend für die Entscheidung welches Zurrmittel verwendet wird.

	VDI 2700 bzw. DIN EN 12195-1:2004	**EN 12195-1:2010 bzw. DIN EN 12195-1:2011**
Längs-richtung	$SI = \frac{FG}{2} x \frac{fI - \mu D}{\mu D \; x \; sin\alpha \; x \; cos\alpha \; xcos \; \beta}$	$LC \geq \frac{FGx \; (Cx - \mu D \; x \; f\mu)}{2x \; (cos\alpha \; x \; cos\beta x + \mu \; x \; f\mu \; x \; s}$
Quer-richtung	$Sq = \frac{FG}{2} x \frac{fq - \mu D}{\mu D \; x \; sin\alpha \; x \; cos\alpha \; xsin \; \beta}$	$LC \geq \frac{FGx \; (Cy - \mu D \; x \; f\mu)}{2x \; (cos\alpha \; x \; cos\beta y + \mu \; x \; f\mu \; x \; s}$

Formelverzeichnis

Formelzeichen	Bedeutung/ Beachtung
n	Anzahl der erforderlichen Zurrmittel (normalerweise 2)
FG	Gewichtskraft der Ladung (daN)
fl	Sicherungsfaktor in Längsrichtung=0,8
Cx	Sicherungsfaktor in Längsrichtung= 0,8
Cy	In Querrichtung bei kippstabiler Ladung zur Seite bzw. nach hinten=0,5
fq	Sicherungskraft in Querrichtung= 0,5
µD	Gleitreibbeiwert
µ	Reibbeiwert (DIN EN 12195-1:2011
α	Vertikaler Winkel
β	Horizontaler Winkel
βx	Horizontaler Winkel in Längsrichtung
βy	Horizontaler Winkel in Querrichtung
Sl	Erforderliche Sicherungskraft in Längsrichtung
Sq	Erforderliche Sicherungskraft in Querrichtung

Beispielrichtung:

FG= 4000daN
µD= 0,2
α= 45 grad
β= 45 grad
n= 2

In Längsrichtung:

$$SI = \frac{4000}{2} x \frac{0,8 - 0,2}{0,2 \ x \ sin45° \ x \ cos45° \ xcos \ 45°}$$

$\underline{SI = 1870,85daN \ \approx 1871daN}$

In Querrichtung:

$$Sq = \frac{4000}{2} x \frac{0,5 - 0,2}{0,2\ x\ sin45°\ x\ cos45°\ xsin\ 45°}$$

$$\underline{Sq = 935,42daN\ \approx 936daN}$$

Nach der Berechnung werden vier Zurrmittel mit jeweils einer LC Angabe von mindestens 1871daN. Da immer der rechnerisch größere Wert als Maßstab genommen wird. In diesem Fall würde man vier Zurrmittel mit einer LC Angabe von 2000daN verwenden.

6.1.4 Schrägzurren

Beim Schrägzurren sind immer acht Zurrmittel zu verwenden. Diese Zurrmittel sind so anzubringen das Winkel (β=90grad) entspricht. Dies gilt für alle acht verwendeten Zurrmittel.

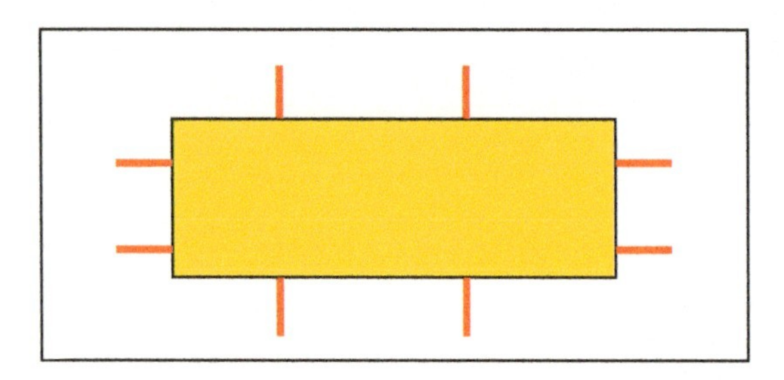

6.2.1 Formschluss

Definition:
Formschluss besteht wenn zwei Körper oder Gegenstände die kraftübertragen durch das ineinander Greifens dieser Gegenstände.

Das sind z.B. Zahnräder, Kettenglieder oder aber auch eine Klauenkupplung.

Als formschlüssige Sicherung wird das Abstützen der Ladung oder des Gutes an der Stirn- oder Rückwand, oder durch Keile, Sperrbalken oder Festlegehölzer bezeichnet. Dazu zählt auch die Abstützung mehrerer Ladungsgüter untereinander.

Vorteile:

- Leicht zu bestimmende Sicherungskräfte
- Wirtschaftlichste Methode (Aufwand und Zeit)

Voraussetzungen:
Der Fahrzeugaufbau und die Ladung oder Güter müssen zueinander passen. Ist dies nicht der Fall so muss man weitere Maßnahmen wie z.B. durch Paletten oder Staupolster die entstandenen Lücken füllen. Es kann auch möglich sein das man noch weitere Maßnahmen gegen das Kippen der Ladung vornehmen muss, die ist z.B. der Fall wenn eine Ladung oder ein Gut als kippgefährdet gilt durch seinen hohen Schwerpunkt.

Beispiele für Formschluss:

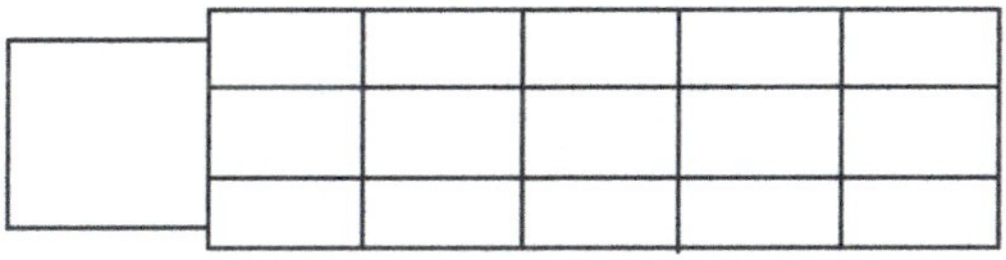

Formschluss zu allen Seiten.

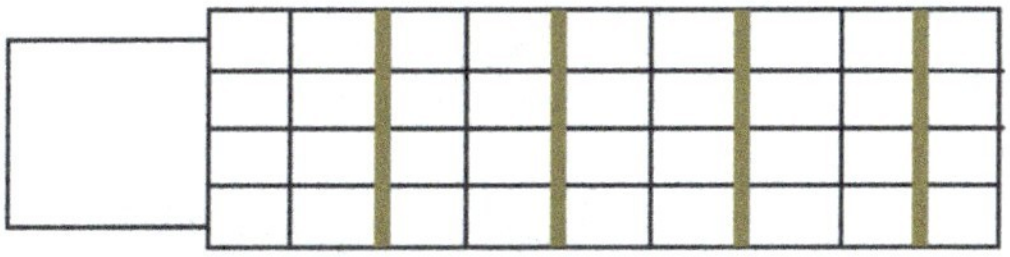

Formschluss zu allen Seiten.

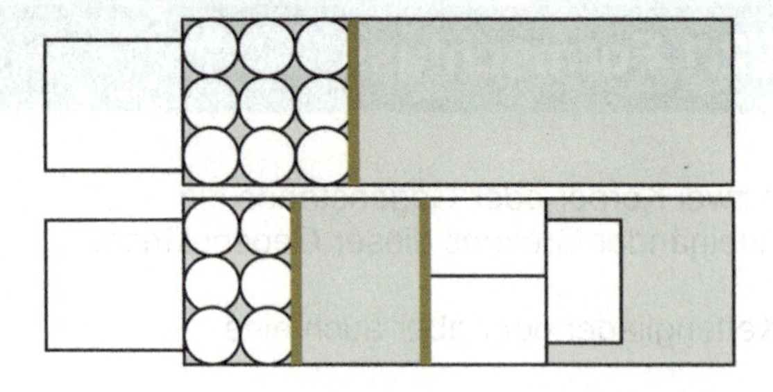

Formschluss zu allen Seiten.

Formschluss nach vorne und zur Seite.

6.2.2 Kraftschluss

Kraftschluss ist die reine Kraftübertragung zweier Gegenstände durch das reine Berühren dieser Gegenstände.

Quelle: heise.de

Der Reifen und die Fahrbahn bilden eine Kraftschlüssige Verbindung. Die Aufstandsfläche zwischen dem Reifens und der Fahrbahn ist demnach die Kraftschlüssige Verbindung.

Der Zurrgurt wird über die Ladung oder das Gut gelegt und festgezurrt, durch die reine Berührung von Zurrgurt und der Holzverkleidung des Guten oder der Ladung spricht man von einer kraftschlüssigen Verbindung.

© sicherbeladen.de

6.2.3 Buchtlasching

Das Buchtlasching wird überwiegend in einer Kombination verwendet durch z.B. Niederzurren oder Formschluss durch den Fahrzeugaufbau. Beim Buchtlasching ist darauf zu achten das mindestens drei Buchtlaschings vorgenommen werden muss. Dabei gehen zwei in eine Richtung und das dritte Buchtlasching geht in die andere Richtung. Vorzugsweise eignen sich für das Buchtlasching Runde oder unförmige Ladegüter.

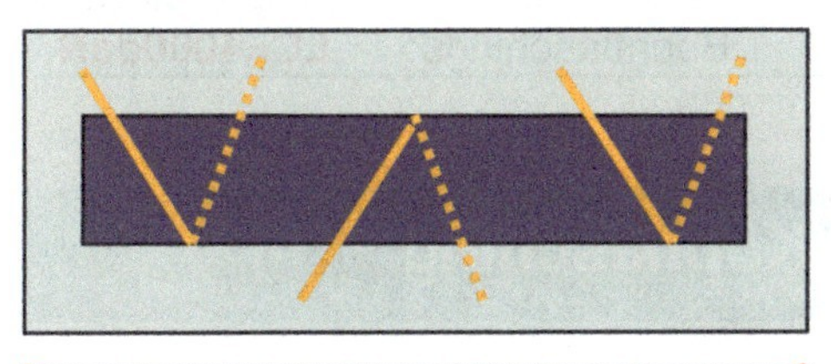

Positivbeispiel

Negativbeispiel

Berechnungsbeispiele für das Buchtlasching:

	Ladungsgewicht:	10.000kg
Erforderliche Ladungssicherung zur Seite= 0,5g	Erforderlich (0,5g)	5000daN
Ladungssicherung durch den Gleitreibbeiwert von μ=0,3	Sicherungskraft durch die Reibung	- 3000daN
Die Differenz von 0,2g sichern, um die 0,5g zur Seite zu erreichen.	Noch erforderliche Sicherungskraft	2000daN
Die übrigen 0,2g werden durch das Buchtlasching gesichert.	Erforderliche Sicherungskraft des Buchtlaschings: LC=2000daN	

	Ladungsgewicht:	20.000kg
Erforderliche Ladungssicherung zur Seite= 0,5g	Erforderlich (0,5g)	10.000daN
Ladungssicherung durch den Gleitreibbeiwert von μ=0,6	Sicherungskraft durch die Reibung	- 6000daN
Die Differenz von 0,4g sichern, um die 0,5g zur Seite zu erreichen.	Noch erforderliche Sicherungskraft	4000daN
Die übrigen 0,4g werden durch das Buchtlasching gesichert.	Erforderliche Sicherungskraft des Buchtlaschings: LC=4000daN	

6.2.4 Kopflasching

Das Kopflaschingverfahren zum Einsatz wenn eine direkte Verbindung zur Stirnwand nicht möglich ist oder wenn eine Ladung oder ein Gut aufgrund seines Gewichtes und dem Lastverteilungsplanes nicht direkt an der Stirnwand Aufgeladen werden kann. Dieses Verfahren ist eine formschlüssige Ladungssicherung und gehört zu dem Direktzurrverfahren.

Diese Art von Ladungssicherung ist noch relativ unbekannt bei den Berufskraftfahrern. Bei Verwendung dieser Methode ist immer darauf zu achten das auch dir verwendeten Zurrmittel an ihrer Position bleiben auch während des Transportes ist diesbezüglich zu achten.

Grundsätzlich unterscheidet man zwischen drei verschiedenen Anwendungsprinzipien.

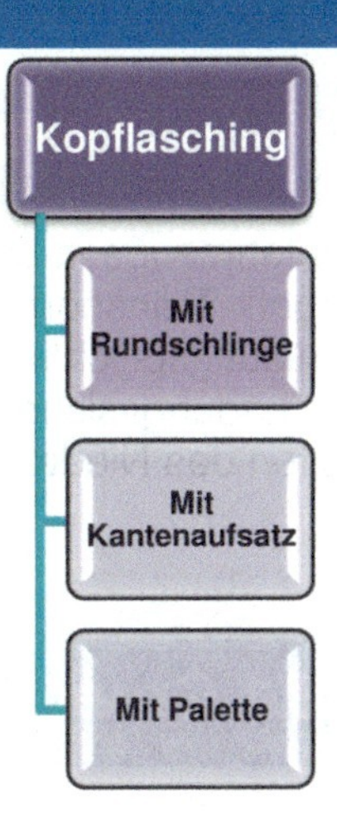

Bei der der Variante mit der Rundschlinge (Hebegurt) wird dieser über die obere Kante der Ladung gelegt. Dann wird je Seite ein Zurrgurt in diese Rundschlinge eingehängt und mit einem Zurrpunkt auf der Ladefläche verbunden.

Bei der Variante mit dem Kantenaufsatz, wird auf die linke und rechte Oberkante der Ladung ein Kantensaufsatz gelegt. Dieser dient als Führungs- und Halterungsmittel für den Zurrgurt. Dieser Zurrgurt wird jetzt z.B. von einem linkseitenigen Zurrpunkt durch die Kantenaufsätze und mit einem rechtsseitigen Zurrpunkt verbunden.

Bei der Paletten Variante wird es wie bei den Kantenaufsätzen gemacht, nur das der Zurrgurt durch die Palette gezogen wird und somit als Umreifung wirkt.

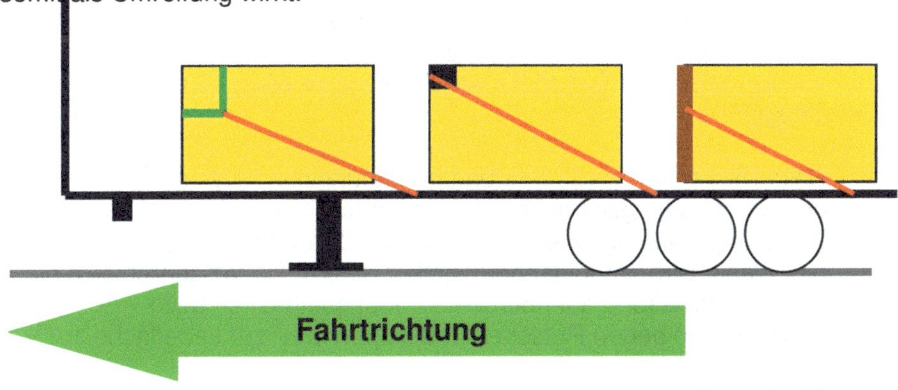

6.3 Beförderung überbreiter Ladung

Grundsätzlich gilt für Straßenfahrzeuge in Deutschland eine maximale Breite von 2,55m (exkl. Spiegel). Transporte mit Ladungseinheiten mit größerer Breite sind Genehmigungspflichtig. Dennoch gibt es sie und auch da muss eine adäquate Ladungssicherung erfolgen. Aufgezeigt werden in den folgenden Seiten das Niederzurren und Direktzurren solcher Ladungseinheiten.

6.3.1 Grundlagen

Die bekannten Regelwerke oder auch bekannt als „anerkannte Regeln der Technik" wie die VDI 2700, Blatt 2 von 2014 oder auch die aktuelle Norm DIN EN 12195-1:201, beschreiben nicht ausdrücklich die Ladungssicherung von überbreiter Ladungsgütern. Es ist auch nicht raus zu lesen ob das Niederzurren oder das Direktzurren solcher Ladungseinheiten empfohlen wird. In den Fachkreisen wird dieses Thema immer mehr diskutiert und es scheint nach den aktuellsten Informationen, dass sich die Fachexperten sich auf das Niederzurren ausschließlich konzentrieren und den zu verwendenden k-Faktor suchen.

Es ist daran zu erinnern das die aktuelle Norm DIN EN 12195-1:2011 keinen expliziten k-Faktor enthält. Dennoch werden Rechnungen zum Niederzurren mit einem K-Faktor mit (2/fs) bewertet. Dieser wird mit fs=1,1 bzw. 1,25 angegeben. Im Sinne der früheren k-Faktoren (k=1,8) zur Querrichtung und (k=1,6) in Fahrtrichtung. Die VDI 2700, Blatt 2 von 2014 hat den Begriff k-Faktor von der alten Norn DIN EN 12195-1:2004 übernommen. Die VDI 2700, Blatt 2 von 2014 empfiehlt nur den Wert von (k=1,8) für alle Richtungen wenn dem nichts entgegen spricht.

Beim Niederzurren von überbreiten Ladungseinheiten gegenüber normalen Ladungseinheiten ist eine merklich bessere Sicherungswirkung zu erreichen da das Zurrmittel zusätzlich umgelenkt wird. Im folgendem stellen wir dar wie tatsächlich sich die Sicherungswirkung auf überbreite Ladungseinheiten beim Niederzurren gegen Rutschen und kippen quer zur Ladefläche zu erwarten sind. Desweiteren werden noch weitere wirkungsvolle Arten von Direktzurranwendungen vorgestellt für überbreite Ladungseinheiten.

Ausgansmodell:

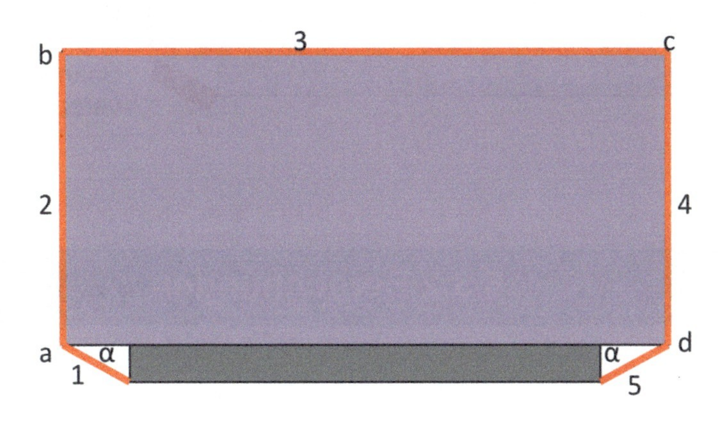

Das Bild zeigt die Ausgangslage mit den Winkel Alpha und den Zurrgurtabschnitten 1-5 und den Umlenkungen a-d.

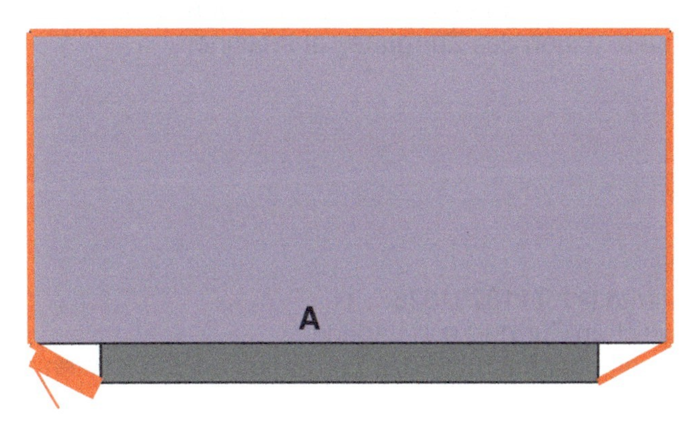

Möglichkeit A zeigt einen normalen zweiteiligen Spanngurt. Das Spannelement liegt dabei im Abschnitt 1 oder 5.

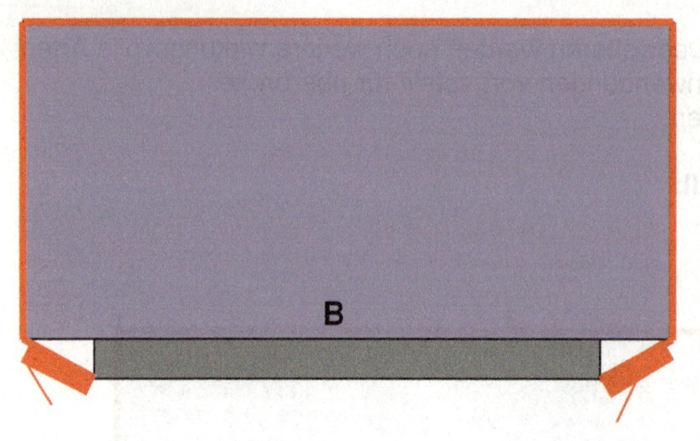

Möglichkeit B zeigt einen Zurrgurt der aus zwei losen Enden besteht ohne Verbindungselement. Diese zwei losen Enden wurden dann jeweils im Abschnitt 1 und 5 mit einem Spannelement verbunden.

6.3.2 Berechnungen

Bei Umlenkungen des Zurrgurtes geht immer abstufungsweise ein wenig Kraft verloren. Die größte Kraft ist immer in dem Abschnitt wo das Spannelement ist. Die restlichen Kräfte die der Zurrgurt aufbringt kann man mit der Euler´sche Formel für den Reibungsverlust durch die auftretenden Umlenkungen des Zurrgurtes ausrechnen.

Umlenkfaktor:

$$c = e^{-\mu G \times \phi}$$

e= Euler´sche konstante (=2,7118281828….)
µG= Reibbeiwert zwischen Zurrgurt und Ladung
Φ=Umlenkwinkel (Richtungsänderung) des Zurrgurtes an den Kanten der Ladungseinheit

Um die kommenden Rechnungen zu Vereinfachen ist in der folgenden Tabelle die c-Werte mit µG und dem Zurrwinkel α aufgezeigt.

µG/α	0	10	20	30	40	50	60	70	80
0,10	0,53	0,55	0,57	0,59	0,61	0,64	0,66	0,68	0,71
0,15	0,39	0,41	0,43	0,46	0,48	0,51	0,53	0,56	0,59
0,20	0,28	0,31	0,33	0,35	0,38	0,40	0,43	0,46	0,50
0,25	0,21	0,23	0,25	0,27	0,29	0,32	0,35	0,38	0,42
0,30	0,15	0,17	0,19	0,21	0,23	0,26	0,28	0,32	0,35
0,35	0,11	0,13	0,14	0,16	0,18	0,20	0,23	0,26	0,29
0,40	0,08	0,09	0,11	0,12	0,14	0,16	0,19	0,22	0,25

Der Gelb makierte c-Wert ist für die kommenden Rechnungen maßgebend, da der Winkel Alpha 30grad beträgt und wir einen Gleitreibbeiwert von 0,2µ haben.

Man sollte beachten das wenn man eine genaue einschätzung der Sicherungwirkung haben möchte das Ergebnis mit 0,9 noch zu Multiplizieren hat damit man mit der DIN EN 12195-1:2011 überein zu stimmen. Ist Alpha größer als 80 grad so kann die herkömliche Rechnung für Niederzurren genutzt werden.

Grundformel mit einem Spannelement:

$$SW = STFx\left((1 + c)x\mu\, x\, sind\alpha + (1 - c)x\, cos\alpha\right)$$

Grundformel mit zwei Spannelementen:

$$SW = 1{,}2\, x\, STFx\, ((1 + c)x\mu\, x\, sind\alpha + (1 - c)x\, cos\alpha)$$

Beispielrechnung:
STF= 400daN
μ= 0,4 (Reibbeiwert Ladung zu Ladefläche)
μG= 0,2 (Reibbeiwert Spanngurt zu Ladung)
α= 30 grad
Verwendet wird nur **ein** Spannelement.

$$SW = 400x(0{,}4x\ (1 + 0{,}35)x\ sin30° + (1 - 0{,}35)x\ cos30°)daN$$

$$SW = 108 + 225{,}16 = 333{,}16daN$$

Die horizontal wirkende Kraft ist mit 225,16daN höher, als die Reibungserhöhung mit nur 108daN.

Verwendet werden **zwei** Spannelemente

$$SW = 1{,}2x\ 400x(0{,}4x\ (1 + 0{,}35)x\ sin30° + (1 - 0{,}35)x\ cos30°)daN$$

$$SW = 130 + 270 = 400daN$$

Auch hier zeigt sich das die Horizontalkräfte mit 270daN größer sind, als die Reibungserhöhung mit 130daN.

Feststellend lässt sich sagen, je kleiner Alpha ist desto deutlicher steigt sich die Sicherungswirkung, wenn ein größerer μG zwischen Zurrgurt und Ladung wirkt. Je größer der Reibbeiwert ist desto eher ist es eine Direktsicherung.

Direktzurren von überbreiter Ladung:

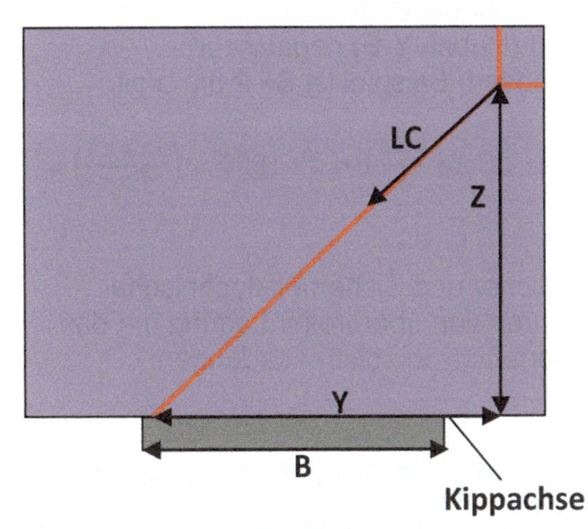

Dieses Bild soll eine überbreite Ladung darstellen welche mittels Bucht- und Kopflasching festgezurrt wurde.

Berechnungsbeispiel:
Für das Buchtlasching sind die Komponenten X=0,4m, Y=3,2m, Z=0,6m. Der Reibeiwert beträgt μ=0,3 und die zulässige Belastung ist LC=1500daN. Die Sicherungswirkung eines Buchtlaschings gegen quer zum Fahrzeug ist:

$$SW = 2x\ LCx\ \left(\frac{Y+\mu\ x\ Z}{L}\right) = 2x\ 1500\ x\ \left(\frac{3{,}2+0{,}3\ x\ 0{,}6}{3{,}280}\right) = 3091daN$$

Bei dem Kopflasching sind die Komponenten X=0,9m , Y=2,9m, Z=2,6m. Der Reibbeiwert und der LC-Wert bleiben unverändert.

$$SW = 2x\ LCx\ \left(\frac{Y+\mu\ x\ Z}{L}\right) = 2x\ 1500\ x\ \left(\frac{2{,}9+0{,}3\ x\ 2{,}6}{3{,}997}\right) = 2762daN$$

Bei der Kippsicherung sind nur die an den Kopfschlaufen eingehängten Direktzurrungen maßgebend. Zu beachten ist, dass die Vertikalkomponente der Zurrkraft (Hebel=Y-B) negativ zur Sicherungswirkung beiträgt. In diesem Beispiel ist B= 2,5m breit.

$$SW = 2x\ LC\ x \left(\frac{Y\ x\ Z - Z\ x(Y-B)}{L}\right) = 2x\ LC\ X \left(\frac{B\ x\ Z}{L}\right) = 2x\ 1500\ x\ \left(\frac{2{,}5\ x\ 2{,}6}{3{,}997}\right) = 4879 daN.m$$

Es zeigt sich das aus Wirtschaftlicher und Sicherheitstechnischer Perspektive das Direktzurrverfahren von überbreiter Ladung um das zehnfache besser ist als das Niederzurren solcher Ladungen.

6.4.1 Kompaktieren für mehr Standsicherheit

Als Kippgefährdende Ladung bezeichnet man Ladegüter deren Eigenstandfähigkeiten nicht ausreichen um ein Kippen unter Einwirkung dieses Gutes zu verhindern. Diese Güter müssen zusätzlich gegen Kippen gesichert werden. Diese zusätzliche Sicherung kann durch z.B. das Kompaktieren erfolgen.

Die VDI Richtlinie 3968 „Sicherung von Ladeeinheiten" enthält im Wesentlichen drei geeignete Kompaktierungsmethoden.

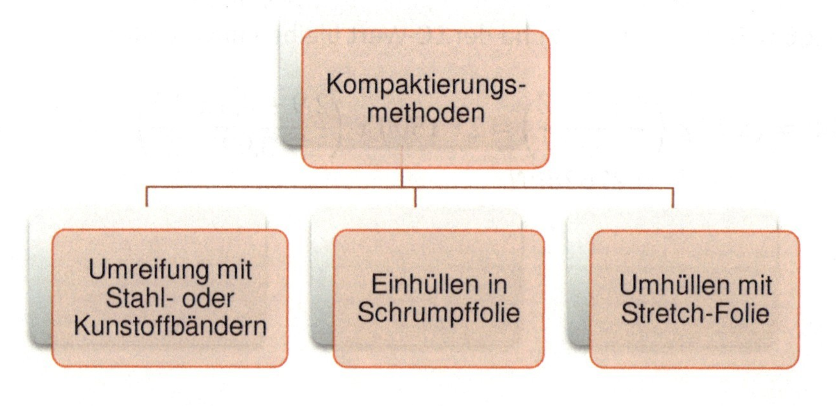

Die Wirkungsfähigkeit der Einhüllung und der Umhüllung ist nur durch praktische Prüfungen festgestellt werden. Hingegen man die Umreifung rechnerisch abschätzen kann.

Ist die Ladeeinheit sowohl in der Läng- als auch in der Querrichtung Kippgefährdend so sollte man auf eine horizontale Umreifung mit Kunststoffbändern zurückgreifen. Kunststoffbänder haben die Eigenschaft die anfängliche Vorspannkraft, die bei dieser Methode sehr wichtig ist, in der Regel noch zur Hälfte zu behalten. Bei Stahlbändern liegt genau hier der Nachteil sie verlieren sehr leicht Ihre anfängliche Vorspannkraft, was wieder ein Kippen begünstigt.

Die horizontale Umreifung soll eine Haftreibung in den inneren Fugen in Kipprichtung der einzelnen Ladegüter erzeugen. Diese Haftreibung wird in SWk angegeben. Folgende Formel wendet man zur Berechnung der Haftreibung an:

$$SWk = 2\, x\, n\, x\, FT\, x\, \mu F\, x\, (N-1) x\, w \quad [daNxm]$$

Formelzeichen	Bedeutung
n	Anzahl der Umreifungen
FT	Verbleibende Spannkraft in der Umreifung
µF	Reibbeiwert in den Fugen der Ladegüter
N	Anzahl der nebeneinander stehenden Güter
w	Basisbreite eines einzelnen Ladegutes in Kipprichtung
G	Gewicht der gesamten Ladeeinheit
d	Höhe des Schwerpunktes der Ladeeinheit über der Basis

w

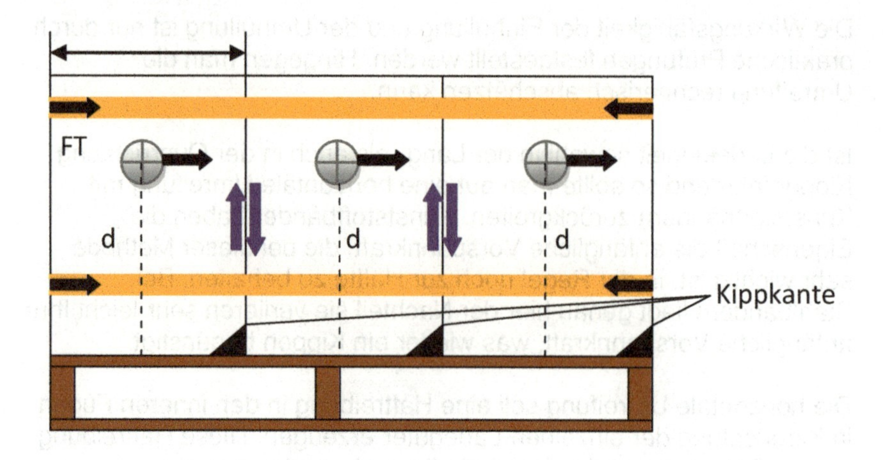

Die Abbildung zeigt eine Kippsicherung durch eine horizontale Umreifung.

Um die Kippbilanz ausrechnen zu können benötigt man zum einen das Eigenstandmoment (MST) und das Kippmoment (Mk).

Eigenstandmoment:

$$MST = Gx\frac{w}{2}\ [daNx\ m]$$

Kippmoment:

$$Mk = Gx\ Cx, y\ x\ d\ [daNx\ m]$$

Bilanz:

$$Gx\ Cx, y\ x\ d \leq Gx\frac{w}{2} + 2x\ n\ x\ FT\ x\ \mu F\ x\ (N-1)x\ w[daNx\ m]$$

Die Bilanz stellt dar, dass mit wachsender Anzahl N das Eigenstandmoment kleiner wird, während die Kippsicherung der Umreifung zunimmt.

Beispiel:

Auf einer Europalette stehen 10 Schachteln. Eine Schachtel hat die Abmaße von 0,24x0,40x1,0m. Die Schachteln wurden mit zwei Polyesterbändern horizontal Umreift. Die Palette wird wie in der unteren Abbildung hingestellt. Die übrigen Werte sind: Gewicht= 1000daN, d=0,5m, N=5, w=0,24 in Querrichtung. N=2 und w=0,40 in Längsrichtung FT=150daN und µF=0,25.

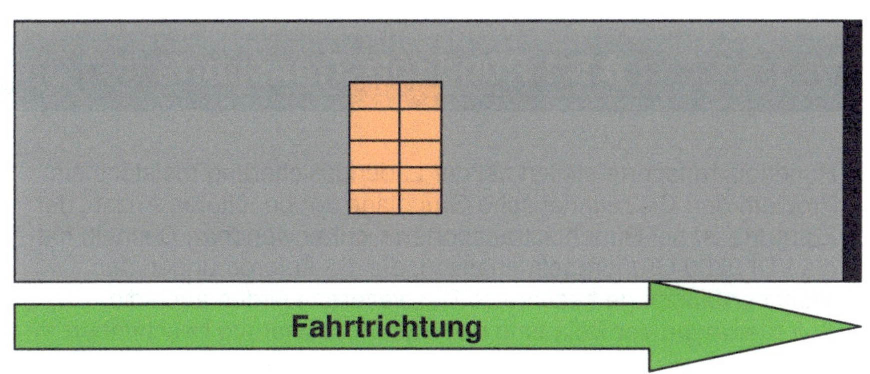

Kippbilanz in Querrichtung:

$$Gx\ Cx,y\ x\ d \leq Gx\frac{w}{2} + 2x\ n\ x\ FT\ x\ \mu F\ x\ (N-1)x\ w[daNx\ m]$$

$$1000x\ 0{,}5\ x\ 0{,}5 \leq 1000x\frac{0{,}24}{2} + 2x\ 2\ x\ 150\ x\ 0{,}25\ x\ (5-1)x\ 0{,}24[daNx\ m]$$

$$250 \leq 120 + 144[daNx\ m]$$

Die Bilanz ist erfüllt.

Kippbilanz in Längsrichtung:

$$Gx\ Cx,y\ x\ d \leq Gx\frac{w}{2} + 2x\ n\ x\ FT\ x\ \mu F\ x\ (N-1)x\ w[daNx\ m]$$

$$1000x\, 0{,}8\, x\, 0{,}5 \leq 1000x \frac{0{,}40}{2} + 2x\, 2\, x\, 150\, x\, 0{,}25\, x\, (2-1)x\, 0{,}40[daNx\, m]$$

$$400 \leq 200 + 60[daNx\, m]$$

Die Bilanz reicht nicht aus.

Es ist in Fahrtrichtung eine zusätzliche Sicherung erforderlich.

6.5.1 Rundholz Transporte

Rundholztransporte stellen bei der Ladungssicherung meistens ein Problem dar. Die rechnerische Grundlage zur benötigten Anzahl der Zurrgurte ist bei Rundholztransporten nicht anwendbar. Deshalb hat die VDI 2700 Grundregeln erlassen, die die Anforderungen der Transportfahrzeuge beschreibt. Desweiteren werden auch die Anforderungen der Beladung und Ladungssicherung beschrieben.

Anforderungen an Fahrzeuge:

- Fahrzeuge müsen so ausgestattet sein das mindestens zwei Rungenpaare jeden Holzstapel halten können. Diese dienen als seitliche Begrenzung.
- Auf den Fahrzeugboden/Rungenschemeln müssenim Ladebereich in Querrichtung mindestens zwei Steg- oder Keilleisten vorhanden sein, um die untere Stammlage formschlüssig sichern zu können.
- Die Rungenschemel müssen veriegelbar sein.
- Die Fahrzeuge müssen über geeigente Zurrpunkte verfügen, die die nötigen Kräfte aufnehmen können. Sie gelten als geeignet wenn sie sich an die DIN EN 12640:2000 anlehnen.
- Soll eine formschlüssige sicherung erfolgen so muss eine ausreichend dimensonierte Stirnwand vorhanden sein.

Wenn die Holzstämme durch Niederzurren gesichert werden sollen muss eine feste stirnseitige Begrenzung vorhanden sein.

Wenn vereiste oder verschneite Ladung über Frmschluss gesichert werden soll, dann muss das Fahrzeug eine ausreichend dimensionierte Heckwand besitzen.

Bei der Ladungssicherung von Holzstämmen die vereist oder verscheneit sind und durch Niederzurren nach hinten befestigt werden sollen muss auch eine feste Rückwand vorhanden sein oder eine nach vorn geneigte position der Stämme gewähleistet sein.

Anforderungen an die Beladung:

- Die Stege, Ladefläche sowie die Ladeschemel sollten vor der Beladung frei sein von Erde, Schnee, Eis und sonstigen Verunreinigungen.
- Jeder untenliegende Stamm sollte mittig auf beiden Keil-/Stegleisten laden.
- Die Beladung muss von der Runge aus erfolgen, um Kavernen zu vermeiden.
- Die einzelnen Holzstapen müssen einen Abstand zu einander haben der so gewählt ich das ein rausrutschentder Stann aus einer Kaverne noch vom vorderen oder hinteren Stammstapel aufgehalten werden kann. Es darf kein seitliches rausrutsches des gelösten Stammes möglich sein.
- Die Holzstämme müssen sorgfältig und jede Lage ist mittels Greifer zu verdichten.
- Die Holzstaple sollten als balliger Stapel beladen werden.
- Die an der Runge anliegenden Holzstämme müssen von dieser mind. 20cm überragt werden. Die Stirnwand muss mindestens genauso hoch sein wie der höchst liegende Stamm.

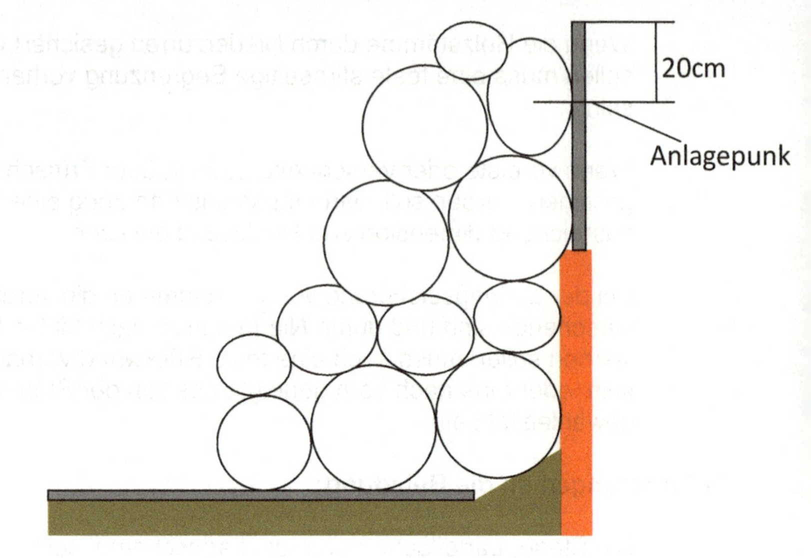

Ladungssicherungsmaßnahmen:

- Sollen die Stämme mittels Niederzurren gesichert werden so sind pro Stammbündel mindestens zwei Zurrgurte zu verwenden.
- Sollen die Stämme mittels Formschluss gesichert werden muss mindestens ein mit Handkraft gespanntes Zurrmittel verwendet werden.

  Die Spannung der Zurrmittel ist regelmäßig zu kontrollieren und gegebenenfalls nachzuspannen.
- Ein auf die Ladung gelegter Ladekran darf nicht mit gespannt werden.

Kavernen sind künstlich oder natürlich geschaffene unterirdische Hohlräume.

6.5.2 Tabelle der wichtigsten Verordnungen und Richtlinien

Verordnung/Gesetz und Richtlinie	Bedeutung
§22 StVO	Verantwortlichkeit des Fahrers
§23 Abs. 1 StVO	Verantwortlichkeit des Fahrers
§31 Abs. 2 StVZO	Verantwortlichkeit des Fahrzeughalters
§411 HGB	Verantwortlichkeit des Absenders
§412 Abs. 1HGB	Verantwortlichkeit des Absenders
§451a Abs.1 und 2	Pflichten des Frachtführers
§ 37 UVV (BGV D29)	Fahrzeuge
VDI 2700 ff.	Regeln der Technik
§18 GGVSEB	Pflicht des Absenders
§410 Abs.1 HGB	Pflicht des Absenders
§22 GGVSEB	Pflicht des Verpackers
§28 GGVSEB	Pflichten des Fahrzeugführers
§19 GGVSEB	Pflichten des Beförderers
§29 GGVSEB	Pflichten mehrerer Beteiligter
§32 StVZO	Abmessungen von Fahrzeugen
§34 StVZO	Achslasten und Gewichte
DIN EN 12642	Beschaffenheit der Fahrzeuge
VDI 2700 Blatt 2	Zurrgurte
VDI 2700 Blatt 3	Zurrketten
VDI 2700 Blatt 4	Zurrdrahtseile

FSC
www.fsc.org
MIX
Papier | Fördert
gute Waldnutzung
FSC® C083411